helicon.es   Pentalfa Ediciones
fgbueno.es   Fundación Gustavo Bueno
filosofia.org   Proyecto Filosofía en español

Imprime: Artes Gráficas Eujoa
Cubierta: Andrea Morán Gajate

ISBN: 978-84-7848-657-1 digital
ISBN: 978-84-7848-658-8 vegetal
Depósito Legal: AS-00410-2025

Gustavo Bueno

¿Qué es la ciencia?

La respuesta de la teoría del cierre categorial

Ciencia y filosofía

Pentalfa Ediciones
Oviedo 2025

I
No hay una única idea de ciencia sino varias
Necesidad de una teoría de la ciencia

1. El «Mundo» que envuelve a los hombres (y a los animales) no tiene una morfología que pueda considerarse como inmutable e independiente de quienes forman parte de él, interviniendo en el proceso de su variación. El Mundo es el resultado de la «organización» que algunas de sus partes (por ejemplo, los hombres) establecen sobre todo aquello que incide sobre ellas, y está en función, por lo tanto, del radio de acción que tales partes alcanzan en cada momento. El Mundo no es algo previo, por tanto, al «estado del Mundo» que se refleja en el mapamundi (que es una forma latina de expresar lo que los alemanes designan como *Weltanschauung* de cada época). Un *mapa del mundo* desborda, por ello, incluso cuando se le considera desde un punto de vista meramente geográfico, las propias coordenadas geográficas, porque estas han de darse, a su vez, inmersas forzosamente en una maraña de ideas, explícitas o implícitas, al margen de las cuales las propias coordenadas geográficas perderían su significado: ideas relativas a los límites del mundo, al lugar de las tierras y de los cielos representados, ideas sobre la escala que el propio mapa utiliza, e ideas sobre la imposibilidad de que el mapa se represente a sí mismo (un mapa no puede representarse a sí mismo y no ya tanto por motivos gráficos cuanto por motivos lógicos: el mero intento de «representar el mapa en el mapa» abriría un proceso infinito y absurdo). El mundo no es, en resumen, la «totalidad de las cosas» –*omnitudo rerum*–; sólo es la totalidad de las cosas que nos son accesibles en función del radio de acción de nuestro poder de con-formación de las mismas. Para los sapos del cuento que vivían en el fondo de un pozo el mundo era ese pozo; cuando regresó al pozo un sapo, que el día anterior había sido recogido sin querer en el cubo por el sacristán que sacaba el agua para regar el huerto, pudo decir a sus compañeros: «el mundo es mucho más grande de lo que pensáis: se extiende hasta las tapias del huerto del señor cura.»

Los sapos, las ranas, las lechuzas, los leopardos y los hombres tienen, cada uno, en función del «radio de su acción», un mundo propio, una organización característica de las cosas y procesos que les rodean. Pero esto no quiere decir que los «mundos entorno» de cada especie animal sean enteramente diversos y mutuamente independientes, como algunos pensaron, siguiendo la concepción de von Uesküll (su doctrina de los *Umwelten* de cada especie). Los mundos de los animales no son «mundos entorno» que pudieran ser tratados como si fuesen círculos megáricos, a la manera como, pocos años después, O. Spengler trató a estos inmensos «superorganismos» que él denominó «culturas» y que constituyen también los «mundos entorno», no ya de una supuesta Humanidad universal, inexistente, sino de los diversos pueblos en los cuales ella está repartida. Pero ni las culturas (en el sentido de Spengler: la «cultura antigua», la «cultura fáustica») son independientes, aunque no sea más que porque las una tratan de reabsorber a las otras en sus mallas, ni los mundos entorno de cada especie animal son independientes de los de las otras especies, aunque no sea más que porque en el mundo entorno de cada especie animal han de figurar muchos componentes del mundo entorno de otros animales, enemigos o aliados contra terceros en la lucha por la vida.

2. El mundo entorno de las diversas especies animales está, a medida que ascendemos en la escala zoológica, cada vez más afectado por las acciones y operaciones de los animales que lo organizan; el mundo entorno es, de modo progresivo, un mundo «cultural». Esto no es ya una cuestión «opinable». Desde la formulación por Newton de las leyes de la Mecánica *sabemos* que el planeta Tierra en el que viven los hombres no es una plataforma inconmovible, ni es, en todo caso, una esfera cuya trayectoria estuviese movida por designios absolutamente independientes de las operaciones humanas: bastaría que quinientos millones de individuos ejecutasen a la vez la operación de dar un paso al frente en la misma dirección y sentido (lo que implica ya un desarrollo cultural y político suficiente para que la orden pudiera ser transmitida y ejecutada simultáneamente) para que la Tierra experimentase una sacudida en su órbita. Desde la mitad de nuestro siglo sabemos ya que los hombres pueden destruir la vida en la Tierra mediante una bomba atómica, y sabemos también, en los finales de siglo, que la industria que se vale de los fluorclorocarbonados y otros «gases traza» produce el efecto invernadero o destruye la capa de ozono. No se trata, por tanto,

de opiniones derivadas de arcanas concepciones sobre el «puesto del hombre en el mundo»; se trata de evidencias prácticas relativas a la evaluación del poder efectivo que los hombres tienen hoy, después de la revolución científica e industrial, para modificar el Mundo, tal como nos es accesible, desde la Tierra. Un poder que ha progresado en la escala tecnológica casi ininterrumpidamente desde hace algunos miles de años hasta el presente.

Por otra parte, la escala de este progreso no tiene peldaños abruptos. Por ejemplo, no cabe poner a «los hombres» (en su sentido zoológico, como *homo sapiens*) en un tramo de escalones considerado superior y abrupto respecto de los tramos correspondientes a escalones animales. Los escalones por los cuales va «desarrollándose» el *homo sapiens* comienzan siendo muy próximos a los escalones culturales que encontramos ya en los primates. La cultura del *homo habilis* puede llamarse humana, pero es muy distinta de la cultura del *pitecantropo* o de la cultura del *hombre de las cavernas*. Sin duda, la intervención de las operaciones en la conformación de las líneas del mundo entorno es cada vez mayor. El mundo entorno natural de los homínidos se teñirá de caracteres culturales específicos y, mejor aún, de caracteres culturales diversos entre sí, pero en interacción mutua inevitable. De estas interacciones resultan necesariamente superposiciones, desajustes, contradicciones, puesto que los mismos contenidos o partes originarias del mundo de partida resultarán insertados en contextos diferentes. Si llamamos *conceptos prácticos* (técnicos, sociales) a las configuraciones de los contenidos considerados desde la perspectiva de cada cultura (un hacha, un martillo, un espejo, una moneda, una forma de matrimonio), podremos llamar *Ideas* a los intentos de establecer la coordinación entre conceptos diferentes respecto de otros conceptos del mismo círculo cultural, o respecto de otros círculos culturales. Veremos de este modo a las Ideas como figuras que fluyen, no ya de algún lugar situado más allá, por encima o por debajo del proceso del mundo, sino del seno de este mismo proceso, tanto si, mirado desde cierta perspectiva, se nos muestra como un proceso tranquilo, como si se nos aparece tumultuoso. El mundo entorno de los diferentes pueblos, de sus culturas, se va conformando según mapas del mundo diferentes, constituidos por líneas tomadas de ideas, de mitos, de relatos metafísicos. A partir de un determinado desarrollo tecnológico y social, las mismas ideas, contrastadas con otras versiones suyas, tendrán que organizarse en forma de *teorías* (ya sean estas de índole ideológica, científica o filosófica).

3. La Idea de Ciencia brota de las ciencias positivas en cuanto estas son instituciones históricas y culturales relativamente recientes. Desde este punto de vista es innegable (es decir, no es opinable) que la idea de ciencia no es una idea eterna, que pueda considerarse como contenido permanente del mundo, a la manera como el Sol, en el *mapa mundi* de Aristóteles, se presentaba como un contenido permanente y eterno de un mundo también eterno. Pero las ciencias no son eternas, sino que son ellas mismas configuraciones históricas. Tampoco son uniformes, porque hay muy diversos contenidos, normas, instituciones, &c., que tienen que ver con las ciencias positivas, y que pueden todos ellos llamarse «científicos», pero con un alcance muy distinto. Hay, en resolución, muy diferentes acepciones o conceptos de ciencia. Nosotros tenderemos a ver estas diversas acepciones no ya como resultado de un simple proceso «lingüístico» de arbitraria conceptualización subjetiva, sino como expresión de una diversidad efectiva de contenidos diferentes, pero entretejidos, por tanto, como una diversidad de acepciones objetivas o con fundamento *in re*. Más aún, como acepciones que no van agregándose las unas a las otras de modo externo, por mera yuxtaposición, como aparecen en el diccionario, sino acepciones que se intersectan las unas a las otras, como se intersectan, a veces de modo turbulento, los contenidos correspondientes. Las ideas de ciencia que puedan ser determinadas a partir de estos diferentes conceptos serán también diferentes; y las teorías orientadas a establecer los nexos entre estas diversas ideas serán también múltiples y de diferente estirpe (científica, filosófica, ideológica o teológica).

4. Simplificando al extremo, distinguiremos cuatro acepciones o modulaciones diferentes de ciencia, registradas en la lengua española o, si se prefiere, cuatro acepciones de *ciencia* a cada una de las cuales corresponderá también (puesto que no hay creaciones gratuitas) una denotación efectiva de contenidos dados en un mundo cultural determinado: conceptos o acepciones de *ciencia* que no son, por lo demás, independientes entre sí, puesto que aunque pudiéramos afirmar que algunos son independientes de los otros, no podríamos suscribir la afirmación recíproca.

(1) En primer lugar, el concepto de ciencia como «saber hacer», un concepto según el cual la ciencia se mantiene aun muy próxima a lo

que entendemos por «arte», en su sentido técnico. Así, hablamos de la «ciencia del zapatero», de la «ciencia del navegante»; también de la «ciencia política» (en el sentido del saber político, en tanto incluye no sólo «arte» sino «prudencia») e incluso, con Calderón, de la «ciencia de la honra». Hay una acepción del término *sabiduría* colindante con esta acepción de *ciencia*, la acepción de la sabiduría en cuanto «ciencia del catador», la sabiduría propia de quien distingue sabores, la sabiduría como *sapientia*; la sabiduría se nos manifiesta ahora como un «arte de la lengua», capaz de diferenciar lo que es venenoso y lo que es útil, lo que sabe amargo y lo que sabe dulce, más que como «arte de la palabra». Esta acepción del concepto de ciencia, no por ser la primera desde el punto de vista histórico, deja de ser una acepción actual, aunque no sea más que porque en el presente siguen viviendo los llamados «contemporáneos primitivos», pueblos ágrafos que, como los yanomamos amazónicos, «entienden» sin embargo de sabores, y, por tanto, son *sabios*.

(2) En segundo lugar reseñaremos el concepto de ciencia como «sistema ordenado de proposiciones derivadas de principios». Esta acepción de ciencia sólo puede aparecer, obviamente, en un estado del mundo –en una cultura– en la que exista escritura, debate, organización lógica de proposiciones: aproximadamente es el concepto de ciencia que Aristóteles expone en sus *Segundos analíticos*, tomando como modelo a las construcciones geométricas de Teudio y otros geómetras. Un concepto que se generalizó muy pronto, por los escolásticos, a sistemas de proposiciones que se ordenan en torno a principios pero no ya sólo geométricos sino también teológicos o filosóficos: *scientia est conclusionis*. Desde la perspectiva de esta acepción, el término *ciencia* no sólo comprenderá a la ciencia geométrica, sino también a las «ciencias» filosóficas o teológicas, e incluso se hablará de una «ciencia que se busca». La segunda acepción de ciencia se consolida, por tanto, en un «escenario» diferente del escenario en el que se configuró la primera acepción del término ciencia. Mientras que el escenario de la primera acepción era preferentemente *el taller*, el escenario de la segunda es *la escuela* (la Academia). Una escuela que tenderá en su momento a distanciarse del taller para mantenerse en el éter inmaculado de las palabras limpias, de los pensamientos. Por esto la segunda acepción de ciencia cubrirá, como si fueran especies de un mismo género, a la geometría y a la física de Aristóteles, a la teología dogmática y a la

doctrina jurídica. Esta segunda acepción de ciencia es, en resolución, una acepción de escuela («escolástica»), asociada a los libros y a las lecciones, a las lecturas (el «libro de la ciencia» se llegará a concebir como una relectura del «libro de la Naturaleza», e incluso del «libro de la Revelación»); una acepción hegemónica, con el nombre de *episteme* o de *scientia*, durante casi veinte siglos, los que transcurren desde el siglo IV antes de Cristo hasta el siglo XVI de nuestra era. Aun cuando hoy día esta acepción haya perdido su hegemonía sigue, sin embargo, plenamente vigente.

(3) La tercera acepción de ciencia, la que tiene como denotación a las llamadas «ciencias positivas» o ciencias en el sentido estricto, corresponde al «estado del Mundo» característico de la época moderna europea, la época de los principios de la revolución industrial. Nuevos contenidos e instituciones comenzaron a conformarse en esta época y en escenarios que, de algún modo, recuerdan mucho a los talleres primitivos y aun a las escuelas posteriores: podría decirse que son talleres convertidos en escuelas, es decir, *laboratorios*. Es la época de Galileo o de Newton. Ahora aparece la ciencia en su sentido moderno, el que consideraremos sentido fuerte o estricto. ¿Qué ocurre con la Geometría, que considerada como prototipo de ciencia por Aristóteles, había sido tragada por la segunda acepción? ¿No podría la Geometría ser recuperada para la tercera acepción, que no excluye, por supuesto, la segunda? La teoría del cierre categorial reinterpreta a la Geometría, en efecto, como ciencia en su tercera acepción, negando la dicotomía entre *ciencias formales* y *ciencias reales*. En todo caso, la ciencia, en esta nueva acepción fuerte, pasará a primer plano durante los siglos XVIII y XIX, y en el siglo XX, será reconocida como un contenido fundamental de nuestro mundo, en su forma de la «gran ciencia». Y mientras que la ciencia, en su sentido escolástico, pese a sus pretensiones, era una parte del mundo cristiano o musulmán de la Edad Media (del mundo mediterráneo), la ciencia actual es universal y pasa a desempeñar el papel de «esqueleto disperso» del Mundo que corresponde a nuestra civilización industrial.

(4) La cuarta acepción de ciencia es una extensión de la anterior a otros campos tradicionalmente reservados a los informes de los anticuarios, de los cronistas, a los relatos de viajes, a las descripciones geográficas o históricas, a la novela psicológica o a las experiencias místicas. Esta extensión requerirá una enérgica reformulación de los

materiales tratados por aquellas disciplinas, a fin de transformarlas en campos de lo que llamamos hoy «ciencias humanas». De hecho, el proceso de reconstrucción de estos campos según el formato de la ciencia positiva ha logrado su reconocimiento académico, aunque este reconocimiento no pueda confundirse con una «justificación gnoseológica». Hoy hablamos de Facultades de Ciencias Históricas, de Ciencias de la Información, de Ciencias Políticas, de Ciencias de la Educación, de Ciencias Empresariales, separándolas escrupulosamente de la filosofía. Desde luego, quienes se sitúan en la perspectiva de estas nuevas *ciencias* positivas suelen mantener una escrupulosa voluntad de cientificidad autónoma: los psicólogos, los pedagogos, los historiadores, los filólogos, los economistas, los politólogos, &c., manifestarán, una y otra vez, su voluntad de pisar en el terreno firme de una ciencia positiva que nada quiere saber de las especulaciones filosóficas. Cualquiera que sea la opinión que esta extensión del concepto de ciencia nos merezca, lo cierto es que se trata de un hecho, ideológico o efectivo, que debe ser analizado y enjuiciado por una teoría de la ciencia.

Mención especial merece aquí la aplicación del término *ciencia* a la filosofía: esta aplicación se llevaba a cabo ordinariamente en la tradición escolástica, que incluso llegó a considerar a la filosofía como la «reina de las ciencias»; asimismo, la consideración de la filosofía como una ciencia ha vuelto a ser propuesta no solamente por la fenomenología de Husserl («la filosofía como ciencia rigurosa») sino también por el «socialismo científico» o por el materialismo histórico, en algunas de sus corrientes. Mientras que la denominación escolástica se mantenía, sin duda, en el sentido de la segunda acepción, la denominación fenomenológica o marxista pretende incorporar también la tercera acepción del concepto de ciencia. Diremos algo sobre esta cuestión tan compleja en la última parte del presente opúsculo.

5. Las cuatro acepciones del término «ciencia» que hemos reseñado no son simples «creaciones lingüísticas», sino que están determinadas por el propio proceso de desarrollo de «materiales culturales» muy precisos. No son, por tanto, como hemos dicho, acepciones caprichosas, «juegos aleatorios del lenguaje». Sin perjuicio de ser acepciones de una palabra («ciencia») –de una parte del lenguaje– nos inclinaremos a verlas como reflejos lingüísticos de procesos reales, materiales, culturales, antes que como creaciones libres de una supuesta «facultad lingüística mitopoiética».

Ahora bien, las acepciones del término ciencia, cuando se consideren en función de sus correlatos materiales, dejarán de ser meras significaciones alternativas (numerables, al modo de algunos diccionarios, como si fuesen términos autónomos) para convertirse en *momentos* de una Idea que contiene a todas estas acepciones a título de *modulaciones* suyas, a saber, las modulaciones de la Idea de ciencia. Una Idea que no podría tener tampoco una figura unívoca, porque la coordinación de las diferentes acepciones resultará estar llevada a efecto de modos diferentes en función del peso relativo que se otorgue a las acepciones originarias. Y, a su vez, esta coordinación estará en función de las relaciones que establezcamos entre tales acepciones y otros diversos contenidos del mundo (por ejemplo: arte, filosofía, mitología, política…). Y como quiera que la exposición de cada uno de los sistemas alternativos de relaciones que, sobre el particular, pudiéramos discernir, dada su complejidad, no puede menos de cobrar muy pronto la forma de una *teoría* (que en este caso será una teoría de la ciencia), podremos concluir que el análisis de las diversas ideas de ciencia que hayan ido conformándose en los diferentes tiempos y lugares, implicará, en realidad, una correspondiente teoría de la ciencia. Estas teorías, a su vez, resultarán ser, en general, partes de otras teorías o disciplinas (digamos: teorías genéricas de la ciencia) y sólo en alguna ocasión podrán ser reconocidas como teorías de la ciencia con significado específico.

6. Hay múltiples teorías (genéricas) de la ciencia. De otro modo: existen «enfoques» muy diversos y, muchos de ellos, con pretensiones de cientificidad ellos mismos. De una cientificidad que tenga que ver con la acepción (3) y, acaso, con la acepción (4) de las reseñadas.

Estos «enfoques» serán considerados, por nosotros, *genéricos*, en la medida en que ellos forman parte de disciplinas de cuyos campos pueden ser contenidos más o menos oblicuos las ciencias positivas. Por ejemplo, la Psicología de la ciencia se enfrentará con las ciencias positivas en lo que ellas tengan de actividades cognoscitivas o lingüísticas llevadas a cabo por sujetos humanos (acaso también por animales): la llamada (por Jean Piaget) «Epistemología genética» es, en realidad, una Psicología evolutiva de las facultades cognoscitivas en cuyo ámbito se harán figurar a las mismas ciencias positivas en lo que estas tengan de «estrategias cognoscitivas». (Según algunos, la integridad de las ciencias positivas se agotaría precisamente en esta su condición cognoscitiva; en tal supuesto, la «epistemología de las ciencias» habría de ser considerada como la teoría de la ciencia por antonomasia). Otras veces, las ciencias pueden ser vistas en lo que tienen de «instrumento informático» (las ciencias como formas de procesamiento de información, de clasificación de datos, &c.). Y si a la ciencia se la considera como un producto social, sometido a determinaciones sociológicas análogas a aquellas que intervienen en la marcha de las sectas, de las iglesias, de los partidos políticos o de la industria, entonces la «Sociología de la ciencia» llegará a ser el enfoque más fértil mediante el cual podremos determinar cómo actúan las leyes sociológicas generales en el caso de las comunidades científicas. También podríamos aproximarnos a las ciencias viendo en ellas lo que tienen de «cuerpos proposicionales», con todo lo que esto implica; es decir, viendo a las ciencias, ante todo, como «cuerpos de doctrina», lo que nos sitúa muy cerca de la segunda acepción que hemos distinguido en el término «ciencia». Si nos aplicásemos al análisis de los cuerpos de doctrina científica acudiendo a los principios generales de la lógica formal de proposiciones, la teoría de la ciencia se nos presentará como una «teoría lógica de la ciencia». La equivalencia entre lógica formal y teoría de la ciencia ha sido defendida, en otros tiempos, con frecuencia.

7. Sin dejar de lado estos diversos enfoques disponibles en el momento de emprender el análisis de las ciencias positivas, queremos sin embargo referirnos a la teoría de la ciencia «por antonomasia», es decir, a una teoría de la ciencia que pretenda reconstruir la idea de *ciencia positiva*, en lo que ella pueda tener de más característico entre las restantes configuraciones culturales. Una tal teoría de la ciencia (que irá referida, desde luego, a la ciencia en su tercera acepción y, a través de esta, a la cuarta) no se mantendrá en la consideración de aquellos momentos genéricos según los cuales las ciencias son, desde luego, procesos tecnológicos informáticos (muy cercanos al arte) o bien procesos lógico-formales, o procesos sociales, sino que buscará circunscribirse en aquellos momentos específicos característicos en virtud de los cuales pueda decirse que una ciencia positiva dada (por ejemplo, la Termodinámica) se diferencia de una sinfonía, de una catedral o de un partido político y, por supuesto, de un tratado de filosofía; y, en cambio, se asemeja a otras ciencias positivas, como puedan serlo la Biología molecular o la Aritmética.

Para referirnos a estas teorías de la ciencia que quieren mantenerse a esta escala de análisis nos valdremos del adjetivo «gnoseológico» (en cuanto contradistinto a «epistemológico»). Una teoría gnoseológica, según esto, es una teoría que pretende establecer la estructura de las ciencias positivas no ya en tanto forman parte de estructuras operatorias o proposicionales, o informáticas o sociológicas, sino en tanto las ciencias positivas, además de implicar, desde luego, a tales estructuras (a título de componentes genéricos) se constituyen como estructuras peculiares; lo que no excluye que una teoría gnoseológica de la ciencia haya de tomar en consideración muchos contenidos y métodos de la Psicología, de la Sociología, de la Teoría de la Información o de la Lógica formal.

La teoría gnoseológica de la ciencia es, según lo que hemos dicho, una teoría filosófica. No es una teoría científica (psicológica, sociológica, &c.), ni tampoco cabe concebirla como una «ciencia de la ciencia», al menos cuando nos situamos en la perspectiva de la teoría del cierre categorial. El conjunto de las ciencias no constituye una categoría en torno a la cual pudiera establecerse un cierre categorial característico. Volveremos sobre estas cuestiones en el último punto del presente opúsculo.

II
Cuatro tipos de respuestas a la pregunta: «¿Qué es la ciencia?» Las cuatro «familias» de teorías de la ciencia

1. De acuerdo con lo que hemos dicho en el párrafo anterior, la pregunta *¿Qué es la ciencia?*, interpretada como pregunta gnoseológica (es decir, no como pregunta epistemológica, ni psicológica, ni gramatical, &c.), es la pregunta por la estructura lógico-material que comprende el análisis de la génesis y el desarrollo característico de las ciencias positivas, de las ciencias en su tercera acepción y, por extensión, de las ciencias en la cuarta acepción de las reseñadas. La pregunta busca delimitar qué sea aquello por lo cual las ciencias positivas son lo que son, en cuanto formaciones culturales características; por tanto, qué sea aquello que hace que una obra de ciencia no sea una obra de arte, si se prefiere, qué es lo que hace que un químico, en cuanto tal, no sea un músico (sin perjuicio de las analogías que quepa establecer entre ellos); o bien, qué hace que una obra científica no sea una obra filosófica o recíprocamente. La pregunta busca también determinar cuestiones de génesis diferencial (¿por qué una ciencia se constituye en una época o «estado del mundo» característico y no en otro, y en una época no siempre idéntica a aquella en la que se constituye una nueva forma de arte o una nueva técnica?) y, desde luego, cuestiones de ritmos históricos diferenciales.

Acaso la primera aproximación, de la que tenemos noticias fehacientes, a la pregunta gnoseológica podría encontrarse en los *Segundos analíticos* de Aristóteles, siempre que sobreentendamos que su objetivo no consistió tanto en exponer una idea absoluta, eterna, flotante, de «ciencia», o de «silogismo científico», sino en delimitar los motivos por los cuales una ciencia «asentada», la Geometría –el «silogismo geométrico»–, es diferente de los silogismos que utilizan los retóricos o los sofistas en la asamblea. La pregunta «¿qué es la ciencia?», entendida en este su significado gnoseológico preciso, presupone, desde luego, a la «ciencia en marcha» o, si se quiere, a la ciencia como un hecho dado, como un *factum*, dotado de características propias y distintivas de otros hechos naturales o culturales. La pregunta gnoseológica «¿qué es la ciencia?» no va dirigida a explorar, en un lugar ideal o celeste, determinadas condiciones de una supuesta idea eterna que acaso no se encontrase siquiera realizada en la historia, al modo como Husserl buscaba la «esencia de la ciencia en sentido riguroso». Por tanto, tampoco busca una «idea normativa» a la cual hubieran de plegarse «los hechos», si es que éstos (las ciencias positivas) llegasen a existir. La pregunta gnoseológica presupone el «hecho», si bien este «hecho» puede él mismo recabar la condición de «hecho normativo», la condición de hecho que posee sus propias normas, las normas que derivan de los procesos demostrativos de las verdades científicas y de los métodos, que a partir de ellas, se instauran. El teorema de Pitágoras, en cuanto teorema científico, no sería un «hecho cultural» sin más: es un «hecho» que obliga, como una norma, a todo aquel que pretende reconstruirlo, a aceptarlo necesariamente.

2. El «hecho de la ciencia» tiene una característica global que algunos estimarán como una determinación contingente, es decir, no vinculada necesariamente a la idea de ciencia. Según esta característica, el «hecho de la ciencia» podría quedar determinado como «el hecho de la pluralidad de las ciencias».

Es, en efecto, por de pronto, una «cuestión de hecho», que no existe una única ciencia sino muy diversas ciencias (Geometría, Química, Biología molecular…) y ciencias irreductibles las unas a las otras. Este «hecho» podrá resultar paradójico o puramente aparente ante una concepción unitarista de la ciencia, que defienda la idea cartesiana de una *mathesis universalis* o el movimiento de la *ciencia unificada*. Sin embargo, a nuestro juicio, la concepción unitarista de la ciencia no puede anular el hecho, en el terreno de la *quaestio facti*, incluso en el supuesto de que no se le reconociese un fundamento en el terreno de la *quaestio iuris*. Hoy por hoy el proyecto de una ciencia unitaria es sólo un proyecto, y lo único cierto es que existen múltiples ciencias irreductibles, sin perjuicio de sus interrelaciones. La cuestión que, en cambio, el proyecto para una ciencia unificada permite suscitar es la de si el hecho de la pluralidad de las ciencias es un hecho contingente, que no afecta a la naturaleza de las ciencias, o bien si es un hecho necesario, es decir, entrañado en la idea misma de ciencia. Se trata, por tanto, de una cuestión filosófica de la mayor importancia, puesto que, sin perjuicio de su planteamiento gnoseológico, está implicada con las cuestiones ontológicas que tienen que ver con el monismo ontológico, con la cuestión de si el mundo puede reducirse a una única categoría o si su estructura es multicategorial. Cuestión ontológica que, por lo demás, no puede enjuiciarse al margen de la misma teoría de la ciencia, al menos en tanto que mantengamos la estructura categorial de las ciencias positivas y la efectiva intervención de estas en la conformación del «estado del mundo» de nuestro presente.

De todos modos, dejaremos de lado, en este momento, la cuestión de la contingencia o de la necesidad del «hecho de la pluralidad de las ciencias» (en función de la idea misma de ciencia), y nos atendremos a la cuestión recíproca que podríamos plantear de este modo: ¿hasta qué punto el hecho (fuera contingente, fuera necesario) de la pluralidad de las ciencias puede considerarse constitutivo de la idea gnoseológica misma de ciencia? Una cuestión particular, cuyas implicaciones para la historia de la teoría gnoseológica de la ciencia son obvias: ¿hasta qué punto la idea gnoseológica de la ciencia habría de ser distinta en el caso de que ella estuviese constituida en función de una única ciencia positiva (diferenciada, eso si, de otras formas de construcción proposicional) y en el caso en que ella pueda considerarse constituida en función de diversas ciencias positivas y efectivas?

Si admitimos la tesis según la cual en la época en la que Platón y Aristóteles formularon los primeros rasgos de una idea gnoseológica de ciencia sólo existía una ciencia efectiva, la Geometría, ¿no podríamos atribuir a tal circunstancia algunas de las peculiaridades que caracterizan a la «idea antigua» de la ciencia como conocimiento discursivo a partir de principios? De otro modo: la distinción entre *materia* y *forma* de la ciencia (que, como expondremos a continuación, constituye la clave de la idea gnoseológica de ciencia) ¿no tendría que ser entendida según un sesgo característico (y distorsionado) precisamente por establecerse en función de una única ciencia efectiva? Según ello, sólo cuando las nuevas ciencias positivas hubieran hecho acto de presencia en la época moderna (la Mecánica de Newton, la Química de Mendeléiev, la Termodinámica de Carnot...) la idea gnoseológica de la ciencia podría constituirse en toda su plenitud. Y no ya porque una tal constitución hubiera debido ser llevada a efecto de un modo instantáneo, sino sencillamente porque el sistema completo de modulaciones según las cuales la idea de ciencia se despliega, podría haber comenzado a organizarse.

3. La pregunta ¿qué es la ciencia?, en tanto es interpretada como pregunta gnoseológica, la supondremos referida, por nuestra parte, al hecho de las ciencias positivas múltiples e irreductibles. La pregunta gnoseológica (¿qué es la ciencia?) puede ser, según lo anterior, presentada de este modo: ¿qué es lo que hace que las diversas ciencias sean tales ciencias, diferenciadas las unas de las otras, así como de las construcciones no científicas y configuradas en su propia unidad interna? Advertimos que esta pregunta sólo tiene sentido si ella da por supuesto a un conjunto de ciencias que puedan considerarse como integrantes de la «región» más notoria de la denotación del término «ciencias positivas», puesto que no tenemos por qué ocultar que alguno de los «hechos» que se presentan como ciencias pueden ser «hechos aparentes».

Ahora bien, puestas así las cosas, si queremos precisar el alcance de la pregunta gnoseológica (¿qué es la ciencia?) tendremos que determinar a su vez el alcance que damos a este hecho de la pluralidad de las ciencias. Una tal pluralidad podría en efecto ser pensada de diversas maneras. Una pluralidad definida dice siempre, en efecto, de algún modo, referencia al conjunto de las partes de un «todo». En nuestro caso, la idea de la ciencia será la idea de una totalidad cuyas partes fueran las diferentes ciencias positivas. Pero la totalidad puede a su vez ser tomada en el sentido de las *totalidades atributivas* (o totalidades T)[1] o en el sentido de las *totalidades distributivas* (o totalidades $\mathbb{C}$)[2].

Nosotros supondremos, desde luego, que las «diversas ciencias positivas» constatadas son partes de una totalidad distributiva, puesto que si las interpretásemos como partes de una totalidad unitaria (atributiva) estaríamos utilizando la idea de ciencia única, o *mathesis universalis*, que hemos rechazado por principio. Pero aun interpretando las diversas ciencias de esa pluralidad como partes de una totalidad distributiva caben opciones diferentes, en el momento de llevar a efecto

---

1 *Totalidades atributivas* T: el dodecaedro regular, por ejemplo, en cuanto totalidad atributiva, es la totalidad constituida por doce pentágonos adosados por sus lados de modo cerrado, es decir, de forma que cualquiera de los lados vaya siempre unido al lado de otro pentágono regular del conjunto.

2 *Totalidades distributivas* $\mathbb{C}$: los doce pentágonos regulares del dodecaedro del ejemplo, que son iguales métricamente entre sí, cuando se consideran como elementos de una clase que participan de las propiedades del todo con mutua independencia, constituyen una totalidad distributiva.

la interpretación, principalmente estas dos: la idea de ciencia, en cuanto totalidad distributiva, ¿ha de interpretarse como un género, por relación a sus especies, o bien como una especie por relación a sus individuos?

Desde luego daremos por supuesto que cada ciencia positiva o, si se quiere, el *cuerpo* de cada ciencia positiva, es una individualidad definida, es decir, no es una especie susceptible de manifestarse en individuaciones objetivas diversas. El cuerpo de la Geometría, por ejemplo, es un cuerpo singular, desde el punto de vista de su estructura global, sin perjuicio de que tal estructura pueda presentarse, desde algún punto de vista, como «multiplicada distributivamente» en los libros de Geometría o en los cerebros de los geómetras (y en este caso, la multiplicación distributiva no sería tanto la multiplicación de una ciencia singular cuanto la de los sujetos operatorios vinculados a ella). En todo caso, la singularidad de una ciencia no tiene nada que ver con una supuesta simplicidad: la individualidad de cada ciencia es la que corresponde a un individuo complejo, a una totalidad atributiva; las partes internas de la Geometría no son partes distributivas de la misma, sino partes atributivas del sistema global.

4. Estamos, con las precisiones anteriores, en condiciones de responder, aunque sólo sea en el terreno generalísimo de la teoría holótica, a la pregunta gnoseológica principal: ¿qué es aquello que hace que una ciencia se constituya como una singularidad en sí misma y se diferencie de las demás ciencias con las cuales constituye la clase distributiva de «las ciencias»? Porque si las ciencias positivas se toman como individuos, las diferencias entre ellas no habrá que entenderlas tanto como «diferencias específicas» –que discriminan clases (aquí, clases de ciencias) más que individuos– cuanto como diferencias individuales. De este modo podemos acogernos a los planteamientos clásicos, en términos holóticos, de las cuestiones que giran en torno a la *individuación* de los elementos corpóreos de una clase de entidades dada.

Según este planteamiento el principio de distinción entre los individuos de una clase, la cuestión del *principium individuationis*, hay que ponerla en la *materia* en la que los individuos (en nuestro caso, los cuerpos de ciencias positivas singulares) están circunscritos; mientras que la unidad (atributiva) de cada uno de tales individuos, así como la unidad distributiva entre los individuos de la clase de referencia, habrá de ser derivada de la *forma*. Damos por supuesto, por lo demás, que *materia* y *forma* desempeñan papeles holóticos, aunque no dispongamos de una doctrina común relativa a la asignación de tales papeles. Unas veces, desde Santo Tomás a Ehrenfelds (con su doctrina de la *Gestalt*), se asigna a la forma el papel de totalidad del cuerpo conformado, reservando a la materia el papel de la multiplicidad de las partes[3]. Nosotros supondremos (por razones que aquí no es posible explicitar) que, tanto la forma como la materia de un cuerpo conformado, desempeñan papeles de partes (siendo el cuerpo de la ciencia el todo). Si la materia alude a las partes del cuerpo en tanto es cuerpo extenso, *partes extra partes*, la forma quedará del lado de la co-determinación de esas partes en tanto son constitutivas del todo (el alma, en cuanto forma del cuerpo orgánico, sería, según esto, la misma codeterminación de la materia o conjunto de partes de ese cuerpo orgánico).

Materia y forma son entendidas aquí, por tanto, como dos «funciones holóticas», no como sustancias o componentes sustanciales. Aplicadas estas ideas a nuestro caso lo que tendremos que determinar es qué sea la materia de una ciencia y qué sea la forma gnoseológica de esa ciencia, y de qué modo intervengan esos dos momentos en la conformación del cuerpo de la ciencia. Dejando para más tarde la determinación de la naturaleza de la forma de una ciencia, comenzaremos declarando que la materia de una ciencia no podría dejar de tener que ver con el *campo* mismo de esa ciencia. Decimos *campo*, y no *objeto*, puesto que objeto presupone, de algún modo, establecida la unidad de la ciencia; pero la unidad debe ser establecida por la forma. No diremos, por tanto, que las ciencias tienen «objeto»; diremos que las ciencias tienen «campo». La Biología no tiene a la vida como objeto suyo, sino que son los ácidos nucleicos, las mitocondrias, las células, los tejidos o los órganos de las diferentes especies orgánicas, los que constituyen su campo: estas partes y otras análogas son los materiales que lo componen.

En resolución: la pregunta gnoseológica fundamental (¿qué es la ciencia?) la entenderemos como pregunta por qué es lo que hace que una ciencia alcance un cuerpo individualizado dotado de unidad constitutiva en sí mismo y diferenciado de los otros cuerpos científicos, también individualizados, con los que forman una clase. Y esta pregunta la replantearemos de este modo: supuestos los *campos* característicos, y diversos entre sí, de las ciencias que, sin duda, constituyen (no en

---

3 *Partes habent rationem materiae, totum vero rationem formae* (Santo Tomás, *Summa Theol.*, I.7.3.3).

exclusiva) la materia de cada una de las ciencias, ¿qué papel habrá que asignar a la *forma* de cada una de las ciencias, en cuanto esa forma pueda ser el principio de unidad atributiva de cada campo, y, al mismo tiempo, el principio de diferenciación (atributiva) de las diversas ciencias, así como también, el principio de unidad «distributiva» entre ellas? La cuestión de la verdad científica (cuestión insoslayable para cualquier teoría gnoseológica de la ciencia) podrá también ser formulada, como veremos, precisamente en el contexto de este planteamiento holótico.

5. Conviene llamar la atención sobre la circunstancia siguiente: el planteamiento de la pregunta ¿qué es la ciencia?, a través de las ideas holóticas de *materia* y *forma* (gnoseológicas), es el planteamiento que con más precisión nos permite diferenciar el sentido gnoseológico de la pregunta de otros sentidos envueltos, desde luego, en ella, y, muy particularmente, el sentido epistemológico. Porque la pregunta epistemológica, en cuanto tiene que ver con la idea de *conocimiento*, se atiene más bien (suponemos) a la distinción entre el *sujeto* y el *objeto*, dado que la Idea de «conocimiento» implica siempre el proceso, o la cualidad, &c., de un sujeto orgánico. La pregunta ¿qué es la ciencia?, entendida desde un punto de vista epistemológico, la interpretaremos, fundamentalmente, como la pregunta por el tipo de conocimiento (o, para decirlo con Piaget, por el «incremento de conocimiento» respecto del saber precientífico) que cabe asignar a las ciencias positivas. Pero la pregunta «¿Qué es la ciencia?», en su interpretación gnoseológica, es una pregunta que se mantiene, hasta cierto punto, al margen de la ciencia en tanto que conocimiento; pues ella habrá de atenerse a la determinación de la materia y de la forma de cada una de las ciencias (en el sentido dicho), así como a la determinación de la naturaleza de su relación. Determinación que tendrá que ver, obviamente, no sólo con los contenidos mismos a quienes hayamos asignado el papel de materia o de forma gnoseológica, sino también con la función que asignemos a esos contenidos y a sus relaciones recíprocas; funciones que, como es evidente, no podrían ser independientes de la naturaleza de los contenidos asignados.

Por lo demás cabe demostrar que, de hecho, las más diferentes teorías gnoseológicas de la ciencia se desenvuelven, de forma explícita, precisamente, en función de las ideas de materia y forma. Aun refiriéndose todas estas teorías a unos campos característicos (a los que corresponde desempeñar siempre de algún modo, no siempre exógeno, el papel de materia), lo cierto es que unas veces se interpretará la forma de la ciencia en términos de una estructura lógico-formal (por ejemplo, la demostración, en Aristóteles, o la clasificación, en Platón) y, otras veces, se postulará que la forma de las ciencias es la forma matemática («una ciencia es ciencia en lo que tiene de matemáticas», dice Kant): las mismas formas matemáticas (determinados modelos estadísticos, por ejemplo) imprimirán un significado científico a los tratamientos de campos tan diferentes como puedan serlo los «observables» de la Física cuántica o los registros de los tests psicométricos.

Sin embargo, no vamos a situarnos en la consideración de estas diversas posibilidades de interpretación de los contenidos (lógico formales, matemáticos…) de la forma gnoseológica como hilo conductor que nos conduzca a las más diversas teorías de la ciencia. Y no por otra razón sino porque un tal hilo conductor no ofrece, por sí mismo, garantías sistemáticas (siguiéndolo alcanzaríamos, sin duda, la localización de muy diversas e interesantes teorías de la ciencia, pero a título de rapsodia, y no de sistema). Nos situamos, en cambio, en la consideración de las diferentes posibilidades de interpretación del alcance de las funciones que cabe atribuir a la materia y a la forma gnoseológica de las ciencias (funciones que, por otro lado, no podrían entenderse como enteramente independientes de cualquier contenido), en el proceso de su *con-formación*, y muy especialmente, de la conexión que esta conformación haya de tener con la verdad científica. No es posible hablar de una teoría de la ciencia, con sentido gnoseológico, sin exponer la doctrina que esa teoría ha de mantener sobre la verdad científica (precisamente las teorías psicológicas, sociológicas, &c., de la ciencia se caracterizan por dejar al margen la cuestión de la verdad).

El punto de vista gnoseológico requiere la expedición de un juicio sobre el significado de la verdad científica, tanto si este significado alcanza un valor positivo (una ciencia es ciencia en cuanto es verdadera) cuanto si el significado atribuido es negativo (una ciencia no tiene que ver con la verdad sino, por ejemplo, con la utilidad, con la capacidad predictiva, &c.). La distinción entre una materia y una forma en los cuerpos científicos, así entendida, puede servir para discriminar diferentes teorías de la ciencia en función de la contribución que se otorgue a la materia, a la forma o a su composición en el proceso de constitución de las verdades científicas.

6. El planteamiento que precede nos permite establecer una teoría de teorías (gnoseológicas) de la ciencia basada en la consideración del sistema completo de las alternativas resultantes de las diferentes situaciones posibles que pueden ser asignadas a la materia y a la forma de las ciencias en función del «peso relativo» que pudiera corresponderles en la constitución de las verdades científicas. Los límites extremos de este peso relativo podrían ser simbolizados por los valores booleanos [1,0]. La «situaciones límite» de referencia son obviamente las siguientes: las que atribuyan el valor 1 a la materia (tanto en el caso en que se atribuya el valor 0 a la forma como en el caso en que ésta reciba el valor 1), y las que atribuyan el valor 0 a la materia (tanto en el caso en el que se asigne el valor 1 a la forma, como cuando se le asigne el valor 0). Las cuatro alternativas-límite se corresponderán con las situaciones simbólicas (1,0) (0,1) (1,1) (0,0) –en las cuales supondremos dado el orden (materia,forma)– cada una de las cuales puede servir de cifra para una teoría de la ciencia característica (o mejor, para una familia de teorías de la ciencia), a las que nos referiremos respectivamente mediante las siguientes denominaciones:

I. Descripcionismo (1,0)
II. Teoreticismo (0,1)
III. Adecuacionismo (1,1)
IV. Materialismo gnoseológico (0,0)

Ahora bien, teniendo en cuenta que las situaciones de referencia pueden considerarse como si estuvieran relacionadas entre sí de un modo dialéctico (la situación (1,0) por ejemplo, contiene dos negaciones respecto de la situación (0,1)), nuestra «teoría de teorías» parece capaz de ofrecernos, no ya tanto una clasificación externa, aunque exhaustiva, de concepciones posibles de la ciencia, sino una clasificación de teorías de la ciencia cada una de las cuales se nos dará, además, en sus relaciones dialécticas con las restantes: entre ellas será preciso elegir. Por consiguiente, las teorías de la ciencia que así se nos dibujan se nos mostrarán como implicadas dialécticamente las unas con las otras. No cabría, por ejemplo, suponer que fuera posible mantener una teoría de la ciencia adscrita a una familia determinada con absoluta desconsideración, desprecio o ignorancia, de las otras familias; aquí quedaría por el contrario verificado ese lema dialéctico según el cual «pensar (proponer) una teoría es pensar contra otras»; lo que es tanto como reconocer que la teoría propuesta necesita de las otras en tanto que, en cierto modo, se configura como negación de ellas. Dicho de otro modo, cada una de las familias de teorías de la ciencia delimitadas de este modo, y distintas de la que haya sido escogida, podrá ser vista, no ya tanto como una «especulación gratuita», o incluso absurda, sino como una alternativa necesaria que debe ser explorada hasta el fin de sus posibilidades. No podemos apoyar la elección de una teoría de la ciencia en el conjunto del sistema, como teoría límite de referencia, apoyándonos en procedimientos axiomáticos, directos («analíticos»), cuanto en procedimientos apagógicos («dialécticos»); lo que, de hecho, se corresponde con el modo ordinario según el cual se procede en los debates en torno a la naturaleza de la ciencia. Un modo, que es, por lo demás, habitual en el discurso filosófico.

Una última observación sobre la teoría de teorías que estamos esbozando. En virtud de la misma estructura booleana que le sirve de base y cuyo alcance no ha de cifrarse en las relaciones estrictamente lógico formales que ella soporta, sino en la correspondencia de estas relaciones con los términos gnoseológicos (lógico-materiales), de materia y forma de las ciencias, es evidente que las cuatro familias de teorías distinguidas «en primera instancia» no agotan las posibilidades de distinguir otras teorías de la ciencia mantenidas a otro nivel (en segunda o tercera instancia) aun dentro, desde luego, de los mismos criterios de clasificación. Podremos reagrupar, en efecto, las diversas familias dos a dos, frente a las opuestas; podremos oponer una familia a otras determinadas. Podemos, además, plantear la cuestión del orden histórico en el que han podido aparecer o han aparecido de hecho las teorías de la ciencia[4]. De este modo, la teoría de teorías de la ciencia que estamos esbozando puede servir también como marco o retícula capaz de contener, en principio, las líneas principales que podrían considerarse dibujadas en la propia historia de la teoría general de la ciencia (TCC I.3, 2:663-721). Dejamos aquí de lado la cuestión de las relaciones que la teoría general de la ciencia mantiene con las teorías especiales (con la gnoseología de las ciencias biológicas, geológicas, &c.); tan sólo diremos que entendemos estas relaciones, más como relaciones matriciales que como relaciones jerárquicas (TCC 2:659).

---

4 Ver Gustavo Bueno, *Teoría del cierre categorial*, Pentalfa, Oviedo 1992-, § 24 (volumen 3, págs. 206-ss.). En adelante citaremos esta obra de forma abreviada de la forma siguiente: TCC Parte.Sección.Capítulo.§, volumen:páginas.

7. El primer tipo de respuestas gnoseológicas a la pregunta ¿qué es la ciencia? que tomaremos en cuenta es el característico de las teorías descripcionistas. Consideraremos como teorías descripcionistas de la ciencia a todas aquellas concepciones gnoseológicas que tiendan a poner como lugar propio (=1) de la verdad científica a la materia misma de cada ciencia, de suerte que pueda decirse que el «peso relativo» otorgado a la forma de la ciencia (ya se interprete como tal a su estructura lógica, o a los modelos matemáticos y lingüísticos, &c.) tiende a cero. A las formas de la ciencia se les atribuirá el papel instrumental propio de un artificio descriptivo o representativo destinado a conseguir que sean las cosas las que se manifiesten por sí mismas. La verdad científica será entendida como *des-velación* (*aletheia*), *de-cubrimiento*. No se trata de exigir que todos los contenidos del *cuerpo* de una ciencia sean verdades científicas. Tan sólo las proposiciones podrían ser verdaderas (salvo que se admita la posibilidad de «verdades preproposicionales»), pero no todas tendrían por qué serlo. No podrían ser llamados verdaderos, en ningún caso, los contenidos no proposicionales de los cuerpos científicos. Sin embargo, lo que haría que esas construcciones artificiosas fueran susceptibles de recibir el título de «ciencias», serían las verdades mismas constatadas en la materia de sus cuerpos, por ejemplo, las verdades manifestadas en lo que M. Schlick llamaba «enunciado de observación» [*Beobachtungssatz*]: las «constataciones» son los únicos enunciados sintéticos que no son hipótesis; son los «puntos de contacto» con la «realidad». No porque sean las premisas de las que la ciencia parte: «de ningún modo se encuentran en la base de la ciencia, sino que el conocimiento, como una llama, digámoslo así, se dirige hacia cada una de ellas por un momento, consumiéndola de inmediato. Y alimentada y reforzada de nuevo, llamea de uno a otro.»

El neopositivismo del Círculo de Viena, en la versión de Moritz Schlick, puede citarse, por tanto, como el modelo más puro de descripcionismo que cabe imaginar: «el fin de la ciencia es dar una descripción *verdadera* de los hechos». Y esto comporta la presencia inmediata, intuitiva, del hecho. Lo que aproxima la idea de verdad neopositivista a la idea de verdad de los fenomenólogos (en el sentido de Husserl) tal como, por ejemplo, la expuso Heidegger en su doctrina sobre el «estado de descubierto» (*das ent-deckt-sein*)[5]. La diferencia

---

5 TCC II.2.1, 4:1030.

estriba en los *materiales* que el neopositivismo toma como referencias, a saber, los materiales de las ciencias empíricas, positivas, *fisicalistas*.

En resolución: para las teorías descripcionistas de la ciencia los cuerpos científicos podrán considerarse constituidos por dos tipos de estratos: el estrato *material*, en el que se sitúan las constataciones, los hechos, las descripciones fenomenológicas, &c., y el estrato *formal*, en el que las constataciones, los hechos, &c., se «manipulan» transformándose mediante reglas lógicas o modelos matemáticos. Los «pesos relativos» en el terreno gnoseológico de estos estratos podrán simbolizarse mediante el esquema (1,0). En efecto: el «lugar de la verdad científica» habrá que buscarlo, según las teorías descripcionistas, en la *materia*; la *forma* (los formalismos lógicos o matemáticos) no podrán agregar verdad ninguna. Son, por decirlo así, «transparentes», tautologías, en el sentido de Wittgenstein (precisamente la doctrina de las tautologías de los valores veritativos de las «proposiciones moleculares» podría considerarse como destinada a garantizar la posibilidad de reconocer cómo una «manipulación» de las verdades elementales asociadas a algunas «proposiciones atómicas», puede dejarlas «intactas»). Las leyes científicas, por ejemplo, no se interpretarán como proposiciones verdaderas que enuncian supuestas «Leyes de la Naturaleza», puesto que ni siquiera serían proposiciones: serían funciones proposicionales, es decir, artefactos lingüísticos susceptibles de tomar valores veritativos según los valores empíricos o factuales que tomasen las variables. La «ley de Hooke», por ejemplo, que *enuncia* la relación constante k que liga los estiramientos de un muelle por pesos variables que cuelgan de él (k=y/x) no habrá que interpretarla tanto como una proposición cuanto como una función proposicional, que habría que resolver extensionalmente en una colección de pares de valores puntuales empíricos o «verificados», «constatados», tales como los que figuran en la siguiente tabla:

x (metros)	0,05	0,06	0,07	0,08	0,09	...
y (Kgr.)	10	12	14	16	18	...
$K=y/x$	a 10/0,05	b 12/0,06	c 14/0,07	d 16/0,08	e 18/0,09	... ...

No entra en los propósitos del presente opúsculo exponer la crítica de la gnoseología descripcionista (remitimos a TCC II.2.2, 4:1081-

1126). Tan sólo nos limitaremos a decir que el descripcionismo ni siquiera «describe» el proceder de las ciencias empíricas. Desde la perspectiva del materialismo gnoseológico (0,0) el descripcionismo comporta una «hipóstasis de la materia» y una subestimación relativa de las funciones gnoseológicas de la forma, llevada a cabo mediante una suerte de «transferencia» de esas funciones a la materia. La crítica a la concepción descripcionista de las ciencias no excluye el reconocimiento del significado insustituible del descripcionismo neopositivista como «instrumento catártico» del teoreticismo, que venía dominando despóticamente la filosofía de la ciencia (con el nombre de convencionalismo, instrumentalismo…) en las primeras décadas del siglo XX y que, a su vez, representaba, en cuanto crítica al adecuacionismo tradicional, el procedimiento más radical para el planteamiento de los problemas característicos de la teoría de la ciencia, en sentido moderno.

8. El segundo tipo de respuestas a la pregunta ¿qué es la ciencia? comprende a las concepciones teoreticistas. Englobamos, bajo el rótulo de *teoreticismo*, a un conjunto de concepciones de la ciencia que se caracterizarían por poner, de acuerdo con la fórmula (0,1), el «centro de gravedad» de la verdad científica en las construcciones teóricas (en las teorías) que las ciencias desarrollan en torno a los *materiales* (o «hechos») integrantes de sus campos respectivos, siempre que se presuponga, desde luego, que las teorías constituyen los contenidos más genuinos con los cuales se teje la *forma* de estos cuerpos científicos. La concepción de la ciencia desarrollada por K. Popper –que viene reinando durante décadas sobre muchas «comunidades científicas»– es el mejor ejemplo que podemos poner de teoreticismo (el propio término «teoricismo» fue propuesto por Popper para englobar al operacionalismo y al instrumentalismo en tanto son teorías de la ciencia que reconocen que las ciencias siempre se mueven desde teorías completamente estructuradas y se desentienden del precepto de atenerse exclusivamente a los «hechos positivos brutos»). Sin embargo, el teoreticismo, así presentado, no puede identificarse con el «popperismo», que es sólo una especie del género.

En efecto, hay, ante todo, un teoreticismo *primario*, que pone el centro de gravedad de las ciencias en su momento constructivo, es decir, en el momento en el cual las ciencias se nos muestran (como se le mostraban a H. Weyl) como construcciones teoréticas (generalmente llevadas a cabo merced a las matemáticas); construcciones cuya verdad habrá de cifrarse, únicamente, en su coherencia interna; una verdad que, una vez asegurada, se supondrá no falsable. Lo que algunos llaman «modelo kepleriano de la ciencia» se corresponde muy de cerca con este teoreticismo primario. Concepciones de la ciencia que, como las de Duhem y Poincaré, dominaron en las primeras décadas del siglo XX, anteriores a la aparición del neopositivismo, pueden considerarse como incluidas en este «teoreticismo primario».

El teoreticismo *secundario*, en cambio, es el teoreticismo falsacionista, es decir, la concepción de las ciencias como complejos de teorías construidas a partir de fuentes, en principio, independientes de «los hechos» (de la materia) –en la genealogía de una teoría científica puede estar una mitología– y que no son verificables en ellos, aunque sean *falsables*: la falsabilidad será el «criterio de demarcación» entre una construcción teórica científica y una construcción no científica (metafísica, por ejemplo), que, sin embargo, podría estar llevada a cabo de modo sumamente coherente.

La importancia del teoreticismo, desde el materialismo gnoseológico, puede cifrarse en su capacidad crítica respecto del descripcionismo positivista, en su potencia de demolición de la concepción que tiende a reducir la ciencia empírica a «hechología». Según esto, el teoreticismo puede comportar una profunda exploración del alcance que a las formas teoréticas puede corresponder en el conjunto de la ciencia experimental. Sin embargo, el teoreticismo no da satisfacción a la cuestión filosófica central de la conexión de la forma con la materia de las ciencias; representa sencillamente una opción idealista que se pone de espaldas a los problemas más urgentes de la ciencia positiva. (Para una crítica fundamentada del teoreticismo, desde el materialismo, véase TCC II.3.2, 4:1189-1213.)

9. El tercer tipo de respuestas a la pregunta ¿qué es la ciencia? engloba a las teorías adecuacionistas. Estas son, sin lugar a dudas, las teorías que constituyen el «fondo permanente», por decirlo así, de toda concepción gnoseológica de la ciencia. El descripcionismo y el teoreticismo, en efecto, han aparecido generalmente como una crítica del adecuacionismo. Cabría decir que el adecuacionismo es la «doctrina tradicional» de la ciencia, la teoría de referencia a la que se vuelve una y otra vez. Es la doctrina de Aristóteles, pero también la de Newton o la de Tarski.

Para el adecuacionismo, la verdad científica descansa a la vez sobre la forma y sobre la materia de cada cuerpo científico. Es lo que queda simbolizado en la fórmula (1,1). Las verdades científicas se definen por la relación de *adecuación* o *isomorfismo* entre la forma proposicional, por ejemplo, desplegada por las ciencias, y la materia a la que aquella forma va referida. La ciencia construye, sin duda, sus propias formas, según sus modelos proposicionales, matriciales, &c. Cuando estas formas reflejan o re-presentan las *materialidades* correspondientes, entonces podría afirmarse que las proposiciones científicas, o las leyes *formuladas* por las ciencias, son verdaderas, es decir, ajustadas a la realidad; en caso contrario las proposiciones o las leyes de la ciencia serán consideradas erróneas, o, al menos, no del todo verdaderas.

Podría decirse que el adecuacionismo, al conceder un peso equivalente a la forma de las ciencias y a su materia, reúne las ventajas del descripcionismo y del teoreticismo y, por tanto, ofrece la apariencia del reconocimiento más pleno y equilibrado posible de los componentes de los cuerpos científicos. Sin embargo, tal reconocimiento es sólo un espejismo. El adecuacionismo sólo tiene sentido en el supuesto de que la materia tenga una estructura previa isomórfica a la supuesta estructura que las formas han de tener también por sí mismas. Pero, ¿cómo podríamos conocer científicamente tal estructura de la materia al margen de las propias formas científicas? Lo que llamamos «materia isomorfa», ¿acaso no es la misma forma hipostasiada y proyectada sobre el campo de referencia? El adecuacionismo se constituye, por tanto, como una conjunción de la hipóstasis de la *forma* (como la que practica el teoreticismo) y de la hipóstasis de la *materia* (como la que practica el descripcionismo). La «adecuación» que se propone no es, por tanto, una relación entre la forma y la materia sino una relación de las «formas materiales» entre sí. Se comprende, por tanto, cuando nos situamos en este punto de vista, que sólo desde el descripcionismo, o desde el teoreticismo, habría sido posible «abrir brecha» en la compacta apariencia del adecuacionismo. (Para una exposición y crítica más amplias del adecuacionismo, desde el punto de vista del materialismo gnoseológico, véase TCC II.4, 5:1227-1332.)

10. El materialismo gnoseológico puede presentarse como el resultado de la crítica a las hipóstasis de la materia, o de la forma, o de ambas a la vez, sobre las cuales se asientan, respectivamente, el descripcionismo, el teoreticismo y el adecuacionismo. Pero la concepción a la cual el

materialismo gnoseológico se opone frontalmente es, propiamente, la que corresponde al adecuacionismo. En efecto, frente a la fórmula (1,1) del adecuacionismo, la fórmula (0,0) del materialismo viene a significar que ni la materia, ni la forma de los cuerpos científicos pueden tratarse como si fuesen partes «sustantivas» e inteligibles por sí mismas. A lo sumo, habrá que tratarlas como conceptos conjugados[6]. En cualquier caso, los símbolos (0,0), representativos del materialismo gnoseológico, no habrá que interpretarlos en términos absolutos, como mera ausencia, en las ciencias, de materia y de forma; estos símbolos (0,0) tienen un sentido dialéctico, como negaciones, respectivamente, de la hipóstasis de la forma (por respecto de la materia) y de la hipóstasis de la materia (por respecto de la forma).

La forma que confiere unidad a los cuerpos científicos no se entenderá, por tanto, como si fuese alguna entidad «sobreañadida» a los materiales de los campos respectivos; podría hacerse consistir en la co-determinación circular (cerrada) de los propios materiales, en tanto que esa determinación pueda ponerse, desde luego, en relación con la *verdad científica*. De este modo, el materialismo gnoseológico se nos presentará como un *circularismo* derivado de cierres categoriales muy concretos. La conexión de estos cierres con la verdad se hará patente en el momento en que podamos ver la codeterminación como una identidad sintética. En estos casos, y sólo en estos, las identidades sintéticas vendrán a constituir la forma misma de las verdades científicas.

Una forma que, obviamente, tal como ha sido presentada, será indisociable de los contenidos materiales con-formados por ella. En efecto: la idea general de una «forma de identidad sintética» sólo puede «derivar» del análisis de procesos materiales de construcción científica efectiva (geométrica, termodinámica…); y ello, siempre que el análisis pueda ser llevado a cabo según líneas «transportables», y con significado gnoseológico, a otros procesos materiales. Es imposible alcanzar la idea de una forma gnoseológica de identidad sintética sin apoyarnos en algún «ejemplo» particular. «Ejemplo» que, en

---

6 Los conceptos conjugados constituyen una «familia» no muy numerosa de conceptos que mantienen entre sí una relación de conexión diamérica en virtud de la cual cada uno de los conceptos constituye el nexo de unión entre las partes en que se divide el otro, o recíprocamente: alma/cuerpo, espacio/tiempo, conocimiento/acción, sujeto/objeto, materia/forma, reposo/movimiento, &c. (véase *Glosario* en TCC 5:1394-1395).

consecuencia, no habrá que interpretar como una mera «ilustración» de una supuesta idea general previamente dada, sino, por lo menos, como una de las fuentes de esa misma idea. Las exposiciones «abstractas» de la idea de identidad sintética –tal como la que estamos aquí llevando a efecto– sólo en apariencia son exposiciones de la idea general y, a lo sumo, sólo tienen sentido como exposiciones anafóricas encubiertas, que se remiten a ejemplos materiales concretos y no a una supuesta idea inteligible por sí misma, aunque sometida después a ejemplificación. Por lo demás, diremos que la razón de comenzar introduciendo la doctrina de la identidad sintética como forma de la unidad de las ciencias es de carácter dialéctico, respecto de las restantes alternativas gnoseológicas (descripcionistas, adecuacionistas o teoreticistas).

El materialismo gnoseológico, entendido como circularismo, viene a borrar, en cierto modo, la distinción entre materia y forma gnoseológica. Pero no por ello la fórmula mediante la cual se representa, (0,0), ha de interpretarse como si tuviese un significado «exento», como si ella tuviera sentido por sí misma. Es obvio que la fórmula (0,0) sólo dialécticamente puede alcanzar significado: cada 0 es la negación de un 1 (aquí, en concreto, de la materia = 1 y de la forma = 1). Lo que significa reconocer que la idea del materialismo gnoseológico no podrá ser expuesta propiamente «en sí misma», sino que ella habrá de ser presentada como resultado dialógico de las negaciones de las hipóstasis de la materia, o de la forma, o de ambas, según hemos dicho.

Por último: entenderemos el materialismo gnoseológico no tanto como una doctrina reducible a las líneas que acabamos de exponer, sino más bien como un método de análisis de los *cuerpos científicos*, tal que en ellos sea posible distinguir diversidad de materiales (coordenados en *contextos determinantes*) y codeterminaciones mutuas, tales que la identidad sintética que pueda resultar de la conexión entre tales materiales (no necesariamente entre todos ellos) constituya el contenido mismo de las verdades científicas de cada campo. Y este empeño no sería realizable «en general», sino que deberá ser llevado a efecto en cada caso, reproduciéndolo una y otra vez, a través de análisis gnoseológico-particulares de todo tipo[7].

---

7 Para la distinción entre *Gnoseología especial* y *Gnoseología general* véase TCC I.2.3: «La distinción entre teoría general y teoría especial de la ciencia», 2:647-662.

La respuesta de la teoría del cierre categorial
Líneas generales del materialismo gnoseológico

1. La concepción de la ciencia característica del materialismo gnoseológico es de índole constructivista, y en esto se asemeja el materialismo al teoreticismo y al adecuacionismo. Pero mientras que el teoreticismo o el adecuacionismo circunscriben la constructividad al ámbito de las formas (=1), separadas de la materia, es decir, ven a las ciencias como construcciones llevadas a cabo con palabras, con conceptos, o con proposiciones «sobre las cosas» (ya sea suponiendo que las re-producen o re-presentan isomórficamente, ya sea sin exigir la necesidad de un tal isomorfismo), el materialismo gnoseológico ve a las ciencias como construcciones «con las cosas mismas» (por la intrincación entre las ciencias y las técnicas o tecnologías). La ciencia química, por ejemplo, no podrá circunscribirse al terreno de las «construcciones con fórmulas», que llenan los tratados de química, como tampoco la música podría considerarse circunscrita a las partituras. La música debe sonar, pues sólo tiene realidad en un medio sonoro; de la misma manera a como la química sólo puede considerarse existente en un medio en el que puedan tener lugar reacciones entre sustancias. Precisamente por ello tiene poco sentido decir que «la Química es falsable»: el proceso de oxidación del agua por la clorofila que conduce al anhídrido carbónico *no es falsable*, aunque él sea reducible por la hidrogenación que lleva a la configuración de los azúcares. Por lo demás, el construccionismo de la teoría del cierre categorial podría considerarse como una versión límite del principio del *Verum factum*, un límite que no fue alcanzado, ni con mucho, por el construccionismo kantiano, o por el neokantismo, puesto que estos se mantuvieron en el terreno de las construcciones conceptuales (construcciones que pretendían llevarse a cabo antes por «operaciones mentales» que por «operaciones manuales»). Por ello el alcance del construccionismo científico, en la filosofía kantiana, había de ser reducido al ámbito de los *fenómenos*, dejando de lado

a las *esencias*, confusamente incluidas en la *cosa en sí*. Desde este punto de vista, no deja de tener un profundo significado el hecho de que entre los escasísimos pensadores que, frente a Kant, se atrevieron a ver en las construcciones científicas efectivas algo más que meras reproducciones conceptuales o fenoménicas de la realidad, fuera precisamente Federico Engels uno de los que más se destacaron. He aquí un texto suyo muy significativo, tomado de su escrito *Del socialismo utópico al socialismo científico*:

> «...desde el momento en que conocemos todas las propiedades de una cosa [su esencia, diremos nosotros], conocemos también la cosa misma; sólo queda en pie el hecho de que esta cosa existe fuera de nosotros, y en cuanto nuestros sentidos nos suministraron este hecho, hemos aprehendido hasta el último residuo de la cosa en sí, la famosa e incognoscible *Ding an sich* de Kant. Hoy sólo podemos añadir a eso que, en tiempos de Kant, el conocimiento que se tenía de las cosas naturales era lo bastante fragmentario para poder sospechar detrás de cada una de ellas una misteriosa 'cosa en sí'. Pero, de entonces acá, estas cosas inaprehensibles han sido aprehendidas, analizadas y, más todavía, reproducidas una tras otra por los gigantescos progresos de la ciencia. Y, desde el momento en que podemos *producir* una cosa, no hay razón ninguna para considerarla incognoscible. Para la química de la primera mitad de nuestro siglo, las sustancias orgánicas eran cosas misteriosas. Hoy, aprendemos ya a fabricarlas una tras otra, a base de los elementos químicos y sin ayuda de procesos orgánicos.»

En realidad, una ciencia positiva es un conjunto muy heterogéneo constituido por los «materiales» más diversos: observaciones, definiciones, proposiciones, clasificaciones, registros gráficos, libros, revistas, congresos, aparatos, laboratorios y laborantes, científicos, sujetos operatorios. Todos estos materiales hay que suponerlos dados como partes o contenidos del *cuerpo científico*. Un cuerpo científico puede ser enfrentado a otros cuerpos científicos y también a otros materiales y saberes que no están organizados científicamente. El alcance filosófico que cabe asignar a esta circunstancia (la de que una ciencia no sólo se opone a otros saberes no científicos, sino también a otras ciencias) es muy grande: *si un cuerpo científico no tuviera, fuera de su campo, a otros cuerpos científicos, sino sólo a otros campos o saberes no científicos, podría pensarse como virtualmente infinito, puesto que los campos de su entorno se le presentarán siempre como «espacios colonizables»* en un futuro más o menos lejano. Pero cuando un cuerpo científico (siempre que tengamos en cuenta que la «morfología del mundo» pertenece a este cuerpo) reconoce, frente a él, la realidad de otros cuerpos científicos, es porque ha *renunciado* a reabsorberlos; este es el modo por el cual constatará su propia finitud, en tanto que admite la realidad de otros cuerpos científicos que se mantienen en el ámbito de una esfera categorial irreducible a la propia.

2. Cuando partimos de la heterogeneidad de las partes que constituyen el cuerpo de una ciencia es obvio que el primer problema gnoseológico que, de un modo muy general, se nos habrá de plantear es el problema del tipo de unidad que enlaza a esas partes. Cabrá distinguir, entre otros, dos tipos de respuestas extremas a este problema generalísimo: el primer tipo es el de las respuestas de naturaleza subjetualista o «mentalista» (acaso espiritualista, o incluso idealista); el segundo tipo es el de las respuestas de naturaleza materialista u objetualista[8].

Consideremos, ante todo, las respuestas del primer tipo. La concepción subjetualista de las ciencias suele ir asociada a una concepción, también subjetual, de la racionalidad, del *logos*. Una concepción para la cual la *razón* se manifiesta como una «facultad intelectual» (mental o cerebral) que, a lo sumo, se reflejará en el lenguaje articulado, en el diálogo… Está muy extendida, en nuestros días –Habermas, Rawls, Appel–, una idea pacifista (no violenta) que podría considerarse como propia de la fase del «capitalismo triunfante» que tiende a identificar la racionalidad con el diálogo (verbal o escrito, telefónico o telemático) entre los individuos o grupos enfrentados, considerando, por tanto, como «irracional», toda conducta no verbal (sea gestual, sea manual), que incluya algún tipo de manipulación violenta. Se instituye así una idea de racionalidad metafísica que resulta estar muy cercana de la racionalidad que se atribuye a la de las sociedades angélicas. Pero la racionalidad efectiva es la racionalidad humana, propia de los sujetos corpóreos, dotados no sólo de laringe o de oído, sino de manos, de conducta operatoria, una conducta que implica la intervención de los músculos estriados; pero es totalmente gratuita la pretensión de reducir la razón a la laringe (si no ya a la «mente»): si me encuentro delante de

---

8   Utilizamos el término «subjetual», como contradistinto a «subjetivo», para referirnos a todo a todo cuanto se refiere a un sujeto operatorio, pero no necesariamente con el matiz que suele asumir el término subjetivo en tanto que caprichoso, imaginario, &c.

un individuo en el mismo momento en el que se dispone a asestar una puñalada a un tercero, lo «racional» no será dirigirle una interpelación filosófica sobre la naturaleza del homicidio, sobre su ética o su estética, sino dar un empujón violento al agresor a fin de desviar su puñal de la trayectoria iniciada y que suponemos fatal de no ser interrumpida. Es igualmente gratuito y puramente ideológico tratar de circunscribir la «racionalidad» del conocimiento científico al terreno de los lenguajes científicos, menos aún al terreno del «pensamiento puro», como si esto fuera siquiera posible. La racionalidad científica incluye, desde luego, la utilización de lenguajes científicos, y no sólo en función comunicativa (de intercomunicación de los sujetos operatorios que intervienen en las construcciones científicas), sino también en función de los propios contenidos representativos de los lenguajes gráficos; pero no excluye la utilización de operaciones no lingüísticas tales como desgarrar (o disecar) un tejido orgánico en un laboratorio de fisiología, mantener encadenado (con violencia) a un perro o prisionera a un paloma en la caja de Skinner, o desencadenar una reacción nuclear controlada, aunque de consecuencias en gran medida imprevisibles.

Las respuestas de este primer tipo se basan, en todo caso, en poner como núcleo de cualquier cuerpo científico dado, al conjunto de los pensamientos o de las proposiciones fundamentales que, en torno a un campo dado, habrán sido formuladas por los científicos, en tanto los pensamientos o proposiciones fundamentales de ese conjunto mantienen una unidad lógica sistemática entre sus partes. Cabría decir que, para este primer tipo de respuestas, el núcleo de las ciencias reside en la mente o en cerebro de los sujetos, de los científicos. A lo sumo, el núcleo de la ciencia se hará residir en las «comunidades científicas». La ciencia es *conocimiento* (si bien el «conocimiento» es una idea que sólo tiene sentido en cuanto es actividad o estado de un sujeto individual). Es obvio que las concepciones subjetualistas de la ciencia no tienen por qué ignorar los componentes objetuales de los cuerpos científicos (tales como objetos, aparatos, libros, laboratorios); sólo que todos estos contenidos serán interpretados como «instrumentos», «referencias» o «soportes» (una metáfora ininteligible, salvo que se hipostatice el contenido mental cognoscitivo) del conocimiento subjetivo. Por ejemplo, un microscopio será interpretado como un instrumento capaz de ampliar la capacidad resolutiva del ojo, como una prolongación del ojo; lo que nos permitirá hablar de «interpretación reduccionista» del aparato respecto del sujeto que lo utiliza. Sobre todo, la decisión de situar el núcleo subjetual (mental, cerebral) de las ciencias en el ámbito del sujeto conllevará la segregación del *cuerpo* de la ciencia respecto de los contenidos del campo (de los objetos); en el límite se concluirá que una ciencia podrá subsistir aun cuando los objetos a los que intencionalmente van referidas sus proposiciones hayan desaparecido. «Aunque ningún triángulo existiera sería siempre verdad que la suma de los ángulos de un triángulo euclidiano es igual a dos ángulos rectos», decía Maritain; aunque se aniquilase el sistema solar las leyes de Kepler seguirían siendo válidas como leyes de la Naturaleza.

Consideremos ahora las respuestas del segundo tipo, las respuestas *materialistas*. Como tales, interpretaremos a todas aquellas que tiendan a incluir en los cuerpos científicos a la muchedumbre de sus componentes no subjetuales, en tanto que componentes, en principio, del mismo rango, si no más elevado, que los componentes subjetuales. Por ejemplo, un microscopio no desempeñará ahora tanto el papel de simple «auxiliar» del ojo del científico, cuanto el papel de un operador objetivo, puesto que *transforma* unas configuraciones dadas en el campo en otras distintas; una balanza no será un «instrumento de comparación al servicio del sujeto», sino un *relator* interpuesto él mismo entre contenidos del campo. Tampoco los libros (por ejemplo, la tabla numérica o la curva representada en una de sus páginas) serán interpretados como meras «expresiones» de conceptos mentales, como ayudas de la memoria, &c., sino como contenidos objetivos o conceptuales ellos mismos, o, a lo sumo, antes como representaciones de objetos que de conceptos. El materialismo gnoseológico tiene, sin embargo, que dar un paso más, a saber, el paso que consiste en incorporar a los propios «objetos reales» en el cuerpo de la ciencia. Como si dijéramos: son los propios astros reales (y no sus nombres, imágenes o conceptos), en sus relaciones mutuas, los que forman parte, de algún modo, de la Astronomía; son los electrones, los protones y los neutrones (y no sus símbolos, o sus funciones de onda) –en tanto, es cierto, están controlados por los físicos en aparatos diversos (tubos de vacío, ciclotrones, &c.)– los que forman parte de la Física nuclear. Sólo así, el materialismo gnoseológico podrá liberarse de la concepción de la ciencia como re-presentación especulativa de la realidad y de la concepción de la verdad, en el mejor caso, como adecuación, isomórfica o no isomórfica, de la ciencia a la realidad.

Por lo demás, la decisión de incorporar la realidad misma de los objetos, en ciertas condiciones, a los campos de las ciencias, como constitutivos internos de las ciencias mismas, sólo puede parecer una audacia cuando nos mantenemos en el plano abstracto de la representación. No lo es cuando pasamos al plano del «ejercicio». ¿Acaso la ciencia química no incluye internamente, más allá de los libros de Química, a los laboratorios, y, en ellos, a los reactivos y a los elementos químicos estandarizados? ¿Acaso la ciencia geométrica no incluye en su ámbito a los modelos de superficies, a las reglas y a los compases? ¿Acaso la Física no cuenta como contenidos internos suyos a las balanzas de Cavendish, a los planos inclinados, a las cámaras de Wilson o a los pirómetros ópticos? Estos contenidos, productos de la industria humana, son también resultados y contenidos de las ciencias correspondientes, y sólo la continuada presión de la antigua concepción metafísica (que sustancializa los símbolos y los pensamientos, y que se mantiene viva en el mismo positivismo) puede hacer creer que la ciencia-conocimiento se ha replegado al lenguaje (a los libros, incluso a la mente, a los pensamientos), y aun concluir que la ciencia-conocimiento subsistiría incluso si el mundo real desapareciera.

Las ciencias positivas, en cuanto cuerpos científicos, son, según esto, entidades objetivas supraindividuales, en un sentido no muy diferente a como también decimos que es objetiva una sinfonía que está sonando en la sala de conciertos y que en modo alguno puede reducirse a las sensaciones o sentimientos de quienes la escuchan. Más aún, los sentimientos producidos por la sinfonía pueden ser irrelevantes, y aun ridículos, considerados desde el punto de vista de la estructura musical: quien resume la «impresión subjetiva» recibida en el concierto diciendo que «es relajante» está reduciendo en realidad la sinfonía a la condición de sedante farmacológico, cuya eficacia podía ser mucho mayor. *Mutatis mutandis*: tampoco una ciencia puede ser reducida a los «actos de conocimiento» de los científicos que la cultivan, ni siquiera a la conjunción de los actos de conocimiento de todos los miembros de la comunidad científica correspondiente. Las ciencias son instituciones suprasubjetivas (tampoco meramente sociales), que están incluso por encima de la voluntad de los científicos y que pueden anteceder incluso a los investigadores que se han educado en ellas.

3. El análisis de las ciencias, en cuanto cuerpos científicos, comporta su descomposición en partes y a una escala tal que se haga posible la recomposición de esas partes según una forma que tenga que ver con la verdad científica.

Pero las partes de un cuerpo científico, como las partes de cualquier entidad totalizada, podrán trazarse según dos escalas, en principio bien diferenciadas: la escala de las *partes formales* y la escala de las *partes materiales*. Partes formales, en general, son las partes que conservan (o presuponen) la forma del todo al que pertenecen, no ya porque se asemejen necesariamente a él (o lo reproduzcan, al modo de fractales) sino porque están determinadas por él y, a su vez, lo determinan: los fragmentos de un jarrón son partes formales si, a partir de ellos, el jarrón puede ser reconstruido. Pero si el jarrón, al caer, se pulveriza, entonces las partes (supongamos: las moléculas), aunque integrantes efectivamente del todo, ya no conservarán la forma del jarrón, que debería ser moldeado de nuevo en un proyecto de reconstrucción. Las partes materiales son, según esto, partes genéricas.

Un cuerpo científico puede ser descompuesto, sin duda, a escala de partes materiales; unas partes materiales que estarán dadas, a su vez, a diferente nivel. Así, podremos descomponer el cuerpo científico en el conjunto de *proposiciones* contenidas en sus discursos, a título de proposiciones gramaticales; como también podríamos descomponerlo en el conjunto de sus aparatos, a título de invenciones o de ingenios tecnológicos, semejantes a otros no científicos; o bien en el conjunto de sujetos operatorios (considerados a título de trabajadores, con todo lo que esto comporta: relaciones laborales, sindicación…); &c. Importa hacer constar que el análisis lógico-formal de las ciencias, pese a las pretensiones de las que suele ir éste acompañado, se mantiene en la escala genérica de una estructura de partes materiales; otro tanto se diga del análisis sociológico de los cuerpos científicos, del análisis informático, &c.

¿Sería posible determinar cual sea la escala de las partes formales mínimas de una ciencia, la escala de sus átomos o, si se prefiere, de sus «moléculas gnoseológicas»? Nos limitaremos a señalar aquí el concepto de *teorema*, entendido como la unidad mínima de una teoría científica. «Unidad mínima» no significa, sin embargo, que ella pueda darse aisladamente, como una sustancia. Que un átomo de hidrógeno no se de aislado no quiere decir que no sea una unidad elemental en la tabla de los elementos químicos.

4. El cuerpo de una ciencia, como todo cuerpo efectivo, es una totalidad atributiva de partes materiales y de partes formales. La heterogeneidad de estas partes impone, ante todo, una clasificación de las mismas, y es evidente que los criterios de clasificación no son neutrales, es decir, independientes de la concepción de la ciencia desde la que procedamos. Recíprocamente, una concepción de la ciencia determinada orientará la búsqueda hacia una dirección más o menos precisa de los criterios de clasificación de las partes de los cuerpos científicos. Por ejemplo, la concepción adecuacionista de la ciencia propiciará la clasificación de las partes de los cuerpos científicos según dos grandes rúbricas, a saber, la de los «contenidos formales (o materiales) subjetuales» (propios e instrumentales) y las de los «contenidos materiales objetuales» (hechos, &c.). Estos criterios así expuestos resultan ser muy próximos a los criterios epistemológicos, en tanto oponen el sujeto (y sus actos de conocimiento) y el objeto. La ciencia será entendida entonces como el conocimiento (verdadero) que el sujeto logra alcanzar de la realidad, del objeto. Objeto que, a su vez, corresponderá a múltiples contenidos (no hay ciencia de objetos «simples») reclasificados a su vez en función del mismo criterio; contenidos susceptibles de ser considerados como partes de la realidad, en sí misma considerada (o, al menos, en cuanto puede ser conocida al margen de la ciencia de referencia, es decir, prácticamente, en cuanto puede caer también bajo el cono de luz de otras ciencias positivas) y contenidos que no son susceptibles de ser considerados como partes de una realidad independiente, puesto que se supondrá que resultan como tales al ser iluminados por los focos que enciende el sujeto que los contempla. En suma, habría que distinguir el *objeto material* de una ciencia (que otros llamarán «objeto de conocimiento») y su *objeto formal* (u «objeto conocido»). Objeto formal que, a su vez, y siempre por reaplicación del mismo criterio (la oposición sujeto/objeto), se «desdoblará» como objeto formal *quod* y objeto formal *quo*.

Pero, desde una perspectiva materialista, las clasificaciones binarias tales como las propuestas por el adecuacionismo (y, en lo fundamental, compartidas por el descripcionismo o por el teoreticismo: «capa lingüística» y «capa de referenciales», «lenguaje teórico» y «lenguaje observacional», &c.) resultarán ser muy sospechosas, no sólo en el ámbito de algunas ciencias particulares (¿cómo distinguir en el hipercubo el «objeto conocido» y el «objeto de conocimiento»?) sino en relación a cualquier ciencia, en general (¿acaso las trayectorias elípticas keplerianas son trayectorias objetivas *materiales*, es decir, objetos materiales de la Astronomía, independientes y previos a esta ciencia, o bien han de entenderse como *trayectorias formales*, sin perjuicio de que sean objetivas, es decir, no meros «pensamientos subjetivos» de Kepler o de sus discípulos, aunque no sea más que porque se nos ofrecen dibujadas en la página de un libro?)

Aun reconociendo la imposibilidad de prescindir de la polarización de los contenidos del cuerpo de la ciencia o bien hacia el sujeto (S) o bien hacia el objeto (O), lo cierto es que estos dos polos no son suficientes para englobar la totalidad de los contenidos de referencia; ni siquiera para delimitar el terreno interno dentro del cual suponemos que se mueve cada una de las ciencias positivas, a saber, el terreno que (considerado desde los polos epistemológicos) se presenta como un intermedio (si bien, cuando nos situemos en este mismo punto intermedio, serán los polos sujeto y objeto los que se nos mostrarán como simples «puntos de fuga»). Un terreno intermedio que designaremos por σ, en función del papel simbólico o signitivo que asignaremos a sus contenidos, siempre que no se reduzca este papel simbólico o signitivo al que es propio de los símbolos o signos lingüísticos, o algebraicos. En efecto, el destello registrado en el firmamento por el astrónomo es tanto un signo como un hecho. En realidad, los «hechos» sólo cuando se incorporan a un «contexto determinado», por tanto, sólo cuando comienzan a funcionar como signos dentro de ese contexto, alcanzan un significado gnoseológico. Una balanza es también un «aparato simbólico» sin necesidad de ser una frase.

Los contenidos del cuerpo de una ciencia quedarán clasificados, según estos criterios, en tres rúbricas: contenidos ordenados en la dirección subjetual (los múltiples sujetos operatorios, los científicos, las comunidades científicas), contenidos ordenados en la dirección objetual (también múltiples, puesto que la ciencia no tiene un objeto, sino un campo) y contenidos signitivos o simbólicos. Sobre todo: el cuerpo de una ciencia, en lugar de mostrársenos «descompuesto» en dos mitades (la parte subjetual y la parte objetual) se nos dará como si estuviese inmerso en el espacio tridimensional que llamamos espacio gnoseológico y que (cuando nos situamos *in medias res*, en la ciencia misma) ya no podrá construirse sobre una supuesta distinción previa entre el sujeto y el objeto.

Consideraremos a los cuerpos de las ciencias, para su análisis, como inmersos en un espacio gnoseológico organizado en torno a tres «ejes», denominados *eje sintáctico, eje semántico* y *eje pragmático*. Estas tres dimensiones del espacio gnoseológico son dimensiones genéricas, no específicas de los cuerpos científicos, puesto que estos cuerpos las comparten con otros «cuerpos» configurados históricamente. Nosotros hemos tomado como prototipo de todos estos cuerpos a los lenguajes articulados, porque también estos lenguajes constituyen una realidad objetiva: la realidad que los lingüistas llaman expresión (tanto cuando es considerada en su forma, como cuando es considerada en su contenido). Desde esta realidad se nos abre no sólo la dirección que procede de los sujetos hablantes (de su habla) sino también la dirección que lleva a los objetos en sí mismos (a los contenidos, para decirlo con Hjelmslev, tanto si se consideran según su materia –que corresponde al objeto material– o como si se consideran según la forma del contenido –que corresponde al objeto formal–). Sin embargo ello no nos autoriza a considerar al espacio gnoseológico como una variedad del espacio lingüístico, puesto que, como hemos dicho, el cuerpo de una ciencia tiene contenidos no lingüísticos. Tampoco, por supuesto, recíprocamente. Baste decir que el espacio lingüístico intersecta ampliamente, en cuanto a sus dimensiones genéricas, con el espacio gnoseológico. Y esto hace posible que tomemos como hilo conductor para nuestro análisis de los cuerpos científicos a ciertos análisis del lenguaje articulado, a saber, a aquellos que se llevan a efecto a escala coordinable con la del espacio gnoseológico, como es el caso de los análisis, por lo demás ya clásicos, de K. Bühler o de Ch. Morris.

Por otra parte es obvio que si nos mantuviésemos en la perspectiva genérica no sería posible alcanzar configuraciones formales o partes formales, en el sentido gnoseológico, de los cuerpos científicos. Pero siempre será posible, una vez presentadas las líneas principales del análisis genérico de las dimensiones del espacio lingüístico, subdividirlas de suerte que la escala vuelva a recuperar su sentido gnoseológico, es decir, una vez que podamos percibir el significado gnoseológico de las dimensiones lingüísticas. Cuando, por ejemplo, hablemos de las figuras sintácticas de las ciencias no nos circunscribiremos únicamente a las figuras de la sintaxis de los símbolos de los lenguajes científicos, sino también a la sintaxis entre los propios objetos asociados a esos lenguajes, como pudieran serlo los elementos químicos o los astros.

Nadie podrá acusarnos de innovación gratuita en este modo de utilizar la palabra «sintaxis», porque nada menos que Tolomeo la utilizó en su obra *Megale syntaxis*.

Bühler estableció una ya clásica tripartición de estas dimensiones, según las tres relaciones que serían constitutivas de cada signo lingüístico, a la manera como los lados son constitutivos del triángulo: la relación del signo al objeto significado (de donde la *función re-presentativa*, de *Vorstellung* o *Darstellung*), la relación del signo al sujeto que lo utiliza (en donde Bühler ponía la *función expresiva* o de *Ausdruck*) y la relación del signo a los sujetos que escuchan o interpretan al sujeto que habla (*función apelativa* o *Appelt*; dimensión que subsume aquellas funciones del lenguaje que los «analistas» anglosajones, con J.L. Austin, llaman «actos perlocucionarios» –cuando la locución ha ejercido efecto constatable en la conducta del oyente– y «actos ilocucionarios» – cuando el acto locucionario tiene la intención de causar efectos en el oyente, aunque no los cause de hecho[9]). Morris, por su parte, distingue en los símbolos lingüísticos un contexto *semántico* (el de la relación de los signos con los significados), un contexto *pragmático* (el de la relación de los signos con los sujetos que los utilizan) y un contexto *sintáctico* (el de la relación de unos signos con otros signos). Si coordinamos el «organon» de Bühler con el de Morris, advertiremos, desde luego, que la función representativa de Bühler se corresponde con la dimensión semántica de Morris; las funciones expresiva y apelativa de Bühler constituyen una subdivisión de la dimensión pragmática de Morris (según que el sujeto considerado sea el oyente o el propio hablante). La dimensión sintáctica de Morris carece de correlato en el triángulo de Bühler; pero sería innecesario desechar este triángulo, transformándolo en un cuadrilátero capaz de acoger, como una cuarta función del signo, a esa «dimensión sintáctica»: es preferible presuponer que el triángulo de Bühler representa el signo de un modo abstracto-sustancialista; por lo que, dado que el signo implica siempre multiplicidad de signos, no hará falta «agregar ningún lado al triángulo», sino, simplemente, agregar a cada triángulo otros triángulos, coordinando la función sintáctica de Morris con las obligadas interconexiones entre los propios triángulos de Bühler.

---

9 J. L. Austin, *How to do Things with Words*, Oxford University Press 1962 (edición española, *Palabras y acciones*, Paidós, Buenos Aires 1971).

5. Considerando, en resolución, a los cuerpos de las ciencias como «configuraciones complejas» que flotan en un espacio gnoseológico tridimensional, similar al que hemos tomado como hilo conductor, podemos proceder al análisis de cada uno de sus ejes dividiendo cada uno de ellos en tres sectores, a los que cabría poner en correspondencia con determinadas *figuras* de las ciencias, o de los cuerpos científicos. La razón de que sean tres las grandes figuras gnoseológicas determinadas en cada eje deriva del procedimiento lógico utilizado en la división. Un procedimiento, sin duda, artificioso, pero no por ello externo, puesto que se basa en considerar a las relaciones entre las partes dadas en cada eje (por ejemplo, σ_i σ_j) como un producto relativo de las relaciones de esas partes con las de los otros ejes (véase TCC 1:114). Obtenemos de este modo las nueve figuras gnoseológicas siguientes:

I. Figuras correspondientes a los sectores del eje sintáctico
    I-1. *Términos* I-2. *Relaciones.* I-3. *Operaciones.*
II. Figuras correspondientes a los sectores del eje semántico
    II-1. *Referenciales.* II-2. *Fenómenos.* II-3. *Esencias o estructuras.*
III. Figuras correspondientes a los sectores del eje pragmático
    III-1. *Normas.* III-2. *Dialogismos.* III-3. *Autologismos.*

6. Definiremos brevemente las figuras del eje sintáctico (los términos, las relaciones y las operaciones), teniendo en cuenta que los términos y las relaciones son contenidos intencionalmente objetuales, mientras que las operaciones son, desde luego, contenidos subjetuales, si admitimos que sólo los sujetos (humanos y acaso también animales) pueden operar (no cabe atribuir operaciones, sin zoologismo, a las moléculas de una reacción, a los astros interactuantes o a los árboles de un bosque).

Términos de un cuerpo científico son las partes objetuales (no proposicionales) constitutivas de su campo. Los términos pueden ser simples (elementos) o complejos. El hidrógeno o el carbono son términos elementales del campo de la Química clásica, sin perjuicio de que, a su vez, puedan ser presentados como términos complejos de la Química física; el metano CH_4 es un término complejo de ese mismo campo. Ninguna ciencia puede considerarse constituida en torno a un único término o en torno a un único objeto (como la «materia», la «vida», el «ego»). En este sentido decimos que una ciencia no tiene objeto sino campo: la Química clásica no tiene como objeto a la materia sino, por ejemplo, al hidrógeno, al carbono o al metano; ni tampoco diremos que la Biología tiene a la vida como objeto, sino que tiene un campo en el que figuran términos tales como células, mitocondrias, aves o mamíferos. El campo de una ciencia consta de múltiples términos, en número indefinido, aunque sus términos elementales puedan estar definidos (por ejemplo, el número de elementos químicos de la tabla periódica no puede rebasar el número 173); y estos términos han de pertenecer a clases diferentes (de otro modo: los términos de un campo científico han de darse «enclasados» a fin de que puedan ser definidas operaciones entre ellos). No cabe, según esto, reconocer como ciencia a una Teología definida como «ciencia de Dios», ni a una Psicología definida como «ciencia del Alma».

Operaciones de un cuerpo científico son las transformaciones que uno o varios objetos del campo experimentan en cuanto son determinadas, por composición o división, por un sujeto operatorio. Un sujeto operatorio que ha de ser entendido necesariamente, no ya como una mente (un «entendimiento agente» aristotélico, un «ego cartesiano» o una «conciencia kantiana») sino como un sujeto corpóreo, dotado de manos, de laringe, &c., es decir, de músculos estriados capaces de «manipular» objetos o sonidos, separándolos (análisis) o juntándolos (síntesis). En este sentido las operaciones gnoseológicas podrán ser entendidas por sinécdoque como operaciones manuales («quirúrgicas»). Y en este sentido también cabría decir que el habla, en sentido fonético, implica operaciones, es decir, separaciones o aproximaciones de los órganos de la fonación. En este contexto puede ser conveniente llamar la atención sobre la circunstancia de que entre los significados centrales del término «logos» se encuentran aquellos que aluden a la idea de «ensamblaje» de términos pertenecientes a clases distintas: mimbres para construir cestos, o piedras para construir una casa. Según esto, diremos que una cesta o una casa, tanto como un discurso con palabras, tienen «logos», es decir, lógica material operatoria (la llamada «lógica formal» sería sólo un caso particular de esa lógica material, a saber, el de la lógica que opera con símbolos tipográficos, determinados según relaciones características). Muchos contenidos de los cuerpos científicos, tales como un microscopio o un telescopio, pueden ser reducidos a la figura de los operadores.

Relaciones científicas son las que se establecen entre los términos del campo de un modo característico. Estas relaciones van siempre asociadas a proposiciones, al menos cuando interpretamos la relación como predicado y no como cópula, al modo de Kant. En efecto: en el juicio «5+7=12», Kant interpretó «12» como predicado de una proposición cuyo sujeto fuera «5+7». Ahora bien, desde una perspectiva gnoseológica, tanto «5» como «7» y como «12» son términos, por lo que la proposición se hará consistir en la interposición de una relación –en este caso, un predicado de igualdad– entre el resultado «12» de la operación *adición* aplicada a dos términos del campo de la aritmética, «7» y «5». Por lo demás, como «soportes» de las relaciones entre los términos de un campo no consideraremos únicamente a símbolos lingüísticos o algebraicos, sino también a objetos físicos de otro orden, como puedan serlo las balanzas o los termómetros.

7. Consideremos ahora a las figuras del eje semántico: referenciales, fenómenos y esencias. Diremos, ante todo, que los términos, relaciones y operaciones de una ciencia deben tener referenciales fisicalistas.

Referenciales son, en efecto, los contenidos fisicalistas (corpóreos, tridimensionales) de los cuerpos científicos: las disoluciones tituladas que figuran en un laboratorio de química, los cristales de una sala de geología, las proteínas-problema y las proteínas de control utilizadas en bioquímica en un proceso de electroforesis, las letras de un tratado de algebra o la Luna, en tanto que aparece inmersa en la retícula o en la pantalla de un telescopio que la relaciona con otros cuerpos celestes.

La necesidad de referenciales para el desarrollo de las ciencias no la derivamos tanto de postulados ontológicos corporeistas («sólo existen los objetos corpóreos») cuanto de principios estrictamente gnoseológicos: las ciencias son construcciones operatorias y las operaciones sólo son posibles con objetos corpóreos. Una ciencia sin referenciales fisicalistas (una «ciencia de la mente», o una «ciencia de Dios») es tanto como una música sin sonidos; y una música silenciosa es como un círculo cuadrado (si la obra de John Cage *34'46.776" para un pianista*, se considera como una obra musical, se debe a que está enmarcada en un contexto de figuras corpóreas relacionadas con la música).

En cualquier caso, al postular la necesidad de referenciales no queremos decir que todos los términos, relaciones y operaciones de las ciencias deban ser fisicalistas y no precisamente porque presupongamos que, «además» de los referenciales corpóreos, los cuerpos de las ciencias contienen entidades meta-físicas o espirituales. Ocurre simplemente que el análisis o el desarrollo de los propios contenidos corpóreos arroja, en el campo de las ciencias, contenidos in-corpóreos (sin perjuicio de que tales contenidos sigan siendo materiales): las relaciones de distancia entre dos cuerpos no son un cuerpo; un cubo es un cuerpo pero sus caras no lo son (no son tridimensionales) ni menos aun sus aristas o sus vértices. Tampoco es un cuerpo el hipercubo, construido a partir del cubo: sin embargo, caras, aristas, vértices o hipercubos son términos de la Geometría. Tampoco son cuerpos las aceleraciones del movimiento de un cuerpo y, sin embargo, son contenidos de la Física.

¿Qué entenderemos por *fenómenos* y por que decimos que los campos de las ciencias, considerados en el eje semántico, se componen ante todo de fenómenos?

Los contenidos científicos objetuales, a saber, los términos y las relaciones, se nos dan, en determinados momentos (y no sólo en los primeros) del proceso científico, como fenómenos. Pero los fenómenos no son entendidos aquí tanto en el contexto ontológico en el que los entendió Kant (al oponer *fenómenos* a *noúmenos*) sino desde un contexto gnoseológico, más acorde con la tradición platónica, desde la cual los fenómenos se oponen a las *esencias* o *estructuras esenciales*. Por ello, no diremos, con el lenguaje del idealismo kantiano, que las ciencias se mantienen en el ámbito de los fenómenos, sino que diremos, al modo materialista, que las ciencias rebasan los fenómenos cuando logran determinar estructuras esenciales. Y, sin embargo, estas estructuras esenciales sólo pueden ser determinadas a partir de los fenómenos que, por consiguiente, no sólo habrá que considerar como contenidos de los «contextos de descubrimiento» sino también como contenidos de los «contextos de justificación». Las rayas coloreadas que forman el espectro de un elemento químico son, desde luego, fenómenos; y también son fenómenos (es decir, relaciones entre fenómenos) las medidas empíricas de sus longitudes de onda (por ejemplo, es un contenido fenoménico la medida de la raya roja Hα del espectro del Hidrógeno, cuya longitud es de 6.563 Ångström). Incluso son estructuras fenoménicas, es decir, no esenciales, las relaciones contenidas en la fórmula empírica de las longitudes de onda del espectro óptico dadas en la formula $\lambda = 3646{,}13 \times (n^2/n^2 \text{-} 2^2)$. Desde el punto de vista gnoseológico los fenómenos no son tampoco esos contenidos absolutos dados a la conciencia fenomenológica de los que habló E. Husserl. Los fenómenos son contenidos apotéticos, dotados de una morfología «organoléptica» característica, que constituye el mundo entorno de los animales y del hombre. Los fenómenos son los marcos a través de los cuales se nos ofrecen los referenciales intersubjetivos de los que hemos hablado antes.

Como contenidos apotéticos los fenómenos, sin perjuicio de su objetividad, se presentan diversificadamente a los animales y a los diversos hombres (la *Luna*, vista desde el observatorio S_1 es un fenómeno distinto del fenómeno *Luna* que se aparece al observatorio S_2). La razón gnoseológica que da cuenta, desde la teoría del cierre categorial, de la exigencia de un nivel fenoménico en los campos de las ciencias (incluidas las matemáticas, que también tratan con fenómenos tales como «redondeles» empíricos y con «docenas» concretas, y no sólo con circunferencias o conjuntos) hay que ponerla en la misma naturaleza operatoria de las construcciones científicas. Porque si las operaciones son operaciones manuales, o vocales, y no mentales, es decir, transformaciones que consisten en aproximar y separar objetos corpóreos (operaciones de síntesis y de análisis) solamente si el sujeto está situado ante objetos apotéticos podrá operar con ellos, aproximándolos o separándolos. Pero los objetos apotéticos son precisamente los fenómenos, así como recíprocamente: la Luna que percibimos «ahí», a distancia (una distancia susceptible de ser medida en kilómetros), es un fenómeno precisamente porque se nos aparece ahí, es decir, porque ponemos entre paréntesis o abstraemos los procesos electromagnéticos y gravitatorios que han de tener lugar para que ella pueda actuar y hacerse presente en nuestras retinas y en nuestros cuerpos; por esa misma razón podremos «operar» con ella, en cuanto fenómeno, aproximando o separando su «imagen» respecto de las estrellas fijas, estableciendo los valores de sus paralajes, &c.

Ahora bien, una ciencia no puede reducirse a su trato con los fenómenos, por refinado y útil que pueda resultar ese trato. Una ciencia sólo comienza a ser tal cuando logra establecer estructuras esenciales «neutralizando» las operaciones ejercidas sobre los fenómenos, y abriendo paso, a su vez, a operaciones de orden más complejo. Los fenómenos del espectro del átomo de hidrógeno sólo comenzarán a formar parte de una auténtica ciencia física cuando puedan ser considerados desde las estructuras esenciales establecidas por la teoría del átomo de hidrógeno de Bohr y las teorías sucesoras.

Sólo entonces podremos advertir el verdadero alcance de la ciencia moderna: mientras que el trato con los fenómenos, por refinado que sea, nos mantiene en el frágil terreno de un mundo cuyas líneas morfológicas dependen enteramente de las contingencias de nuestros neuronotransmisores, de nuestra subjetividad práctica inmediata, el *regressus* hacia las esencias que puedan constituirse en el flujo mismo de los fenómenos, nos abre el único camino posible hacia la constitución de nuestro mundo real objetivo, de nuestro universo. Las esencias no forman parte, por tanto, de un mundo transfísico, o de un «tercer mundo», para decirlo con Popper, puesto que no son otra cosa sino relaciones del *tercer género* de *materialidad* entre los fenómenos constitutivos del único mundo en el que vivimos y actuamos, de nuestro mundo (la *esencia* del NaCl, que se nos da en el *fenómeno* de un cuerpo blanco, salado, &c., tiene que ver con la estructura de los enlaces iónicos de sus átomos cristalizados). Esta es la razón por la cual las ciencias positivas contribuyen fundamentalmente a la constitución del «estado del mundo» de nuestro presente.

8. Normas, dialogismos y autologismos son las figuras gnoseológicas que hemos determinado en el eje pragmático.

La delimitación de estas figuras pragmáticas en los cuerpos de las más diversas ciencias positivas es, por parte de la teoría del cierre categorial, el modo más paladino de reconocer la presencia de los sujetos operatorios en el proceso de construcción y re-construcción permanente de estas ciencias. Y de reconocer esta presencia, no ya de un modo empírico o, si se prefiere, psicológico o sociológico –lo que sería innecesario, por trivial– sino de un modo gnoseológico. Por decirlo así, se trata de «reconocer» la presencia de figuras del sujeto operatorio en el cuerpo de la ciencia, pero desde ese cuerpo (en contextos de justificación y no sólo en contextos de descubrimiento); un cuerpo (y esta es la dificultad) en el que la teoría del cierre categorial supone que tiene lugar precisamente la neutralización de las operaciones del sujeto, al menos en las ciencias de construcción científica más plena. ¿De qué modos pueden jugar los sujetos operatorios –cuya sustancia es necesariamente psicológica y sociológica– en la estructura misma de los cuerpos científicos, incluso en los supuestos en los que se haya producido su neutralización?

Ante todo, según el modo de las *normas*, entendidas como normas que las propias construcciones científicas imponen a los sujetos operatorios, en tanto que artífices de las construcciones y de las reconstrucciones de las mismas. Identificamos estas normas pragmáticas con las llamadas «leyes» o «reglas» de la Lógica formal. Son estas normas lógico formales las que permiten, por ejemplo, establecer las consecuencias que se derivan de determinadas relaciones establecidas. Relaciones que, desconectadas de tales consecuencias, carecerían de significado científico. Conviene advertir que las normas lógicas siguen actuando en las situaciones «dialécticas» que se producirán en los casos en que las consecuencias sean inaceptables, por estar en contradicción con otros contenidos o por cualquier otro motivo. Las normas gnoseológicas de las que hablamos son normas impuestas por los mismos procesos de construcción objetiva científica; pero tales normas no tendrían por qué actuar únicamente a través de los objetos individuales, puesto que su presión puede también ejercerse a través de grupos o comunidades científicas. Las normas que gobiernan (sin necesidad de ser explícitamente promulgadas) a las comunidades científicas son por otra parte muy heterogéneas; muchas de ellas son cambiantes y proceden de mecanismos «morales» (sectarismos, nacionalismos, &c.). Esto no excluye la posibilidad de que algunas normas por las que se rigen de hecho las comunidades científicas sean concreción de normas gnoseológicas, y en est sentido, el avance científico podría entenderse como un producto del «cierre intelectual y social» determinado por las normas más estrictas. Tal sería el caso, en principio, de ciertas normas consideradas por los sociólogos funcionalistas (principalmente después del enfoque que Robert Merton dio a estas cuestiones), las «normas mertonianas», tales como «comunalidad», «respeto a las propuestas individuales», «escepticismo organizado»…; aunque se discute mucho si tales normas funcionan de hecho (caso Vehinovski, autor del libro *Mundos en colisión*, de 1950, o el caso Arp, *Controversias cosmológicas*, de 1990) y, en el supuesto de que funcionen, si no son antes una barrera al desarrollo de la ciencia que una condición para un desarrollo que se vería favorecido por otras circunstancias que tienen poco que ver con las normas (por ejemplo, la propagación de «paradigmas fértiles», en el sentido de Thomas S. Kuhn, G. Holton, Michael Mulkay, &c.).

Los *dialogismos* son figuras pragmáticas que resulta imprescindible reconocer en todo cuerpo científico desde el momento en que se tiene presente su carácter suprasubjetivo. No cabe admitir la posibilidad de que una ciencia positiva fuese coordinable con un sujeto operatorio único. Y no sólo por la incapacidad (psicológica) que un sujeto concreto tiene para «abarcar» la totalidad de un cuerpo científico, sino, sobre todo, porque la estructura gnoseológica de una ciencia implica, como hemos dicho, multiplicidad de fenómenos que se diversifican precisamente en función de los sujetos operatorios y de los grupos de sujetos; sin contar con la circunstancia de que la escala ontológica en la que se despliegan los contenidos objetivos de un campo científico suele envolver a la escala (temporal, por ejemplo) en la que actúan los sujetos operatorios: las diversas trayectorias elípticas del cometa visto en 1682 y que Halley, aplicando en 1705 la teoría de la gravitación de Newton, predijo que volvería a aparecer 76 años más tarde, constituye un contenido de la Astronomía que ningún astrónomo individual, ni los astrónomos de una generación, podrían haber establecido. Es necesaria la «comunicación interpersonal», a través de las generaciones, para llegar a la conclusión de que el cometa Halley de 1682 es el mismo que había sido visto por los astrólogos chinos en el 613 antes de Cristo, o el que se observó en 1910 o en 1986. Los contenidos gnoseológicos de conceptos empíricos recortados en el plano sociológico, tales como «comunidad científica», «enseñanza» o «debate científico» podrán ser reformulados a través de la figura de los dialogismos. Y esto significa, por otra parte, que las comunidades científicas, por ejemplo, están regidas también por normas sociológicas (morales), que no siempre tienen por qué tener un significado gnoseológico específico: la sociología de la ciencia encuentra aquí su campo de investigación crítica propio.

La figura de los *autologismos* pretende, en cambio, reexponer el contenido gnoseológico de situaciones empíricas (definidas en el terreno de la Psicología) a las que nos referimos al hablar de «evidencias», «certezas», «memoria», «reflexión», «duda» o incluso *cogito ergo sum* cartesiano. ¿Hasta qué punto se requiere apelar a la presencia autológica del sujeto (de un sujeto que concatena estados suyos diferentes) para dar cuenta de la constitución de determinadas líneas objetivas que han pasado a formar parte del cuerpo de una ciencia? En enero de 1896 a Antoine-Henri Becquerel se le ocurrió buscar alguna sustancia distinta del vidrio (como pudiera serlo una sal de uranio, concretamente el sulfato doble de uranio) capaz de emitir radiaciones similares a los Rayos X recién descubiertos en el tubo de vacío, radiaciones que se manifestaban al hacerse fluorescentes por los rayos catódicos o por los rayos solares. Expuso al Sol unas láminas de sulfato de uranio y debajo de ellas una placa fotográfica y, efectivamente, al revelarlas, aparecían las manchas oscuras correspondientes a las laminillas fosforescentes. Decide repetir la experiencia, pero el cielo estaba nublado y Becquerel guardó la caja, con sulfato de uranio sobre la placa fotográfica, en un cajón. A los tres días apareció el Sol: Becquerel podía volver a exponer al Sol su dispositivo. Pero se le ocurrió, *recordando* la experiencia previa, aunque variándola, revelar la placa que había estado tres días a la sombra de su cajón, antes de exponerla al Sol. Resultó que la placa había sido impresionada por el sulfato de uranio, sin necesidad del Sol, es decir, resultó que el uranio era, por sí mismo, radioactivo, sin necesidad de ser excitado por el Sol o por los rayos catódicos. *Los recuerdos* de Becquerel no sólo alcanzaron un valor biográfico (cuanto al funcionamiento de su «memoria episódica»: la caja metida en la sombra, la mesa, &c.) sino que también desempeñaron una función gnoseológica en el descubrimiento de la radioactividad. Y es en el contexto de tales funciones como los recuerdos psicológicos (por ejemplo) pueden comenzar a desempeñar el papel que corresponde a los autologismos.

9. De las nueve figuras delimitadas en nuestro espacio gnoseológico sólo cuatro pueden considerarse como aspirantes a una pretensión de objetividad material segregable del sujeto: son los *términos* y las *relaciones* (del eje sintáctico) así como las *esencias* y los *referenciales* (del eje semántico). Las cinco figuras restantes (*operaciones*, *fenómenos*, y las tres pragmáticas: *autologismos*, *dialogismos* y *normas*) son indisociables de la perspectiva subjetual. En cualquier caso, la objetividad reclamada por una construcción científica no tendrá por qué ser entendida como el resultado de un «transcender más allá del horizonte del sujeto»; basta entenderla como una «neutralización» o «segregación lógica» de los componentes del sujeto. Unos componentes que se reconocen, sin embargo, como ineludibles en el proceso de constitución del cuerpo científico.

La teoría del cierre categorial apela, como única posibilidad abierta para lograr esta constitución objetiva, a los procesos de *construcción cerrada* en virtud de los cuales unos objetos, que mantienen relaciones dadas entre sí, compuestos o divididos con otros de clases diferentes, puedan llegar a determinar terceros objetos capaces de mantengan relaciones del mismo género con los objetos a partir de los cuales se originaron. La construcción se llama «cerrada», por tanto, en sentido similar al que un álgebra o una aritmética dan a sus operaciones cerradas (la operación aritmética «5+7» es cerrada en el campo de los numeros naturales porque su resultado es un término de ese mismo campo, a saber, el «12»; un término recombinable, además, en este caso, con los anteriores, según operaciones también cerradas en N: «12+5», «12+7»). Ahora bien, una operación cerrada (respecto de una única clase dada, tal como la clase N de los números naturales), aunque pueda dar lugar a «cierres tecnológicos», no por ello tiene que abrir el paso, por sí misma, a un cierre categorial, ni, por tanto, desencadenar la construcción de un teorema. Un cierre categorial va referido a campos cuyos términos están organizados, según hemos dicho, en más de una clase, y asociados a operaciones diferentes. Por ello, un cierre categorial implica un sistema de operaciones entretejidas: por ejemplo, y aun sin movernos del campo N, si en este campo determinamos clases de términos n, como puedan serlo la clase de los números impares y la clase de los números cuadrados, asociados a la serie natural mediante las operaciones respectivas de adición (n+2) y producto (n×n), podremos ya establecer teoremas resultantes de determinadas composiciones cerradas entre esas dos clases de cardinal infinito, por ejemplo, el que establece la identidad sintética entre la suma de k términos sucesivos de la primera clase y el término k correspondiente de la segunda. La diferencia entre un *cierre operatorio* y el *cierre de un sistema de operaciones* no estriba en que el primero nos conduzca a identidades analíticas y el segundo a identidades sintéticas. La relación «7+5=12» no es analítica, por la sencilla razón de que no existen las identidades analíticas; pero tampoco es sintética, en el sentido que dio Kant a este concepto, según hemos dicho. La indistinción entre estos dos tipos de cierre nos llevaría a confundir las proposiciones necesarias y universales (*a priori*) que, sin embargo, no son generadoras de teoremas científicos, con las proposiciones que generan teoremas científicos. La proposición «5+7=12» es universal a todas las quintuplas, septuplas y docenas que puedan formarse, y es necesaria. Según esto, las proposiciones sintéticas y *a priori* pueden ser unioperatorias –y corresponden a las que algunos llaman analíticas– y pueden ser multioperatorias. Estas son las que tienen que ver con el cierre categorial. Si sumo un cuadrado de 3×3=9 cm² con otro de 4+4=16 cm² obtendré un cuadrado de 5×5=25 cm². La operación es geométricamente cerrada, en el ámbito de la clase de las figuras cuadradas. Pero este cierre es unioperatorio (analítico), como lo era, en aritmética, la proposición «7+5=12». Ahora bien, si los cuadrados sumandos y el cuadrado suma se consideran como términos de clases geométricamente diferentes, definidas en torno a un contexto determinante (la clase de los catetos de 3 y 4 cms y la clase de las hipotenusas de 5 cms de los triángulos rectángulos) entonces la construcción nos pondrá delante de una situación mucho más compleja. Si se logra establecer el cierre del sistema de las operaciones implicadas, podremos construir la identidad sintética que conocemos como teorema de Pitágoras.

Una *construcción cerrada* se llamará *categorial* en la medida en que, por su mediación, una multiplicidad de términos materiales (seleccionados entre las diferentes clases del campo que sean dadas a partir de configuraciones o *contextos determinantes* constituidos por tales términos) se concatenen en la forma de un cierto círculo procesual que ira dibujándose en el campo correspondiente (por ejemplo, un campo aritmético) y no en otro (por ejemplo, en un campo biológico). En el campo de referencia se establecen también relaciones precisas y específicas. Hay que suponer, por tanto, que las categorías no están dadas previamente a los procesos de construcción cerrada, sino que son precisamente los procesos de cierre aquellos que, entretejiendo los diversos contextos determinantes, pueden comenzar a delimitar una categoría material, de la que se irán segregando otras. Escribo en la pizarra el teorema de Pitágoras, siguiendo la proposición 47 del libro I de Euclides; me valgo de un lápiz cargado con tinta grasienta, y, con él, dibujo figuras, líneas auxiliares, letras, hasta «cerrar» la construcción. Por muy refinado que sea el análisis químico al que pueda someter la tinta de mi lapicero, no por ello podré pensar que he avanzado ni un milímetro en la demostración geométrica: las relaciones geométricas demostradas en el teorema de Pitágoras forman parte de una categoría distinta e irreductible a la categoría en la que se establecen las relaciones químicas.

Cuando el proceso constructivo (objetual y proposicional) va propagándose en un campo dado de modo cerrado, irá también segregando a todos los contenidos no formales de ese campo. Estos contenidos quedarán, no ya tanto expulsados, pero sí marginados del proceso del cierre. La rotación de un triángulo rectángulo sobre uno de sus catetos, considerada como generadora de una superficie cónica, segregará una muchedumbre de contenidos (pesos, colores, sabores, sustancias químicas, velocidades, tiempos…) que, sin embargo, no podrán ser expulsados del campo material; aunque tampoco podrán ser incorporados al proceso de construcción geométrica de la figura. Carece de sentido preguntar: «¿qué color, o qué peso, tendrá el cono de revolución resultante?», o bien, «¿cuánto tiempo debe invertirse en la rotación para que ésta configure la superficie cónica?».

La «propagación» de los núcleos de cristalización y el entretejimiento de los mismos, irá conformando un campo de contenidos cuya concatenación delimitará la inmanencia característica del campo. Sus límites sólo podrán ser trazados «desde dentro», como resultado de la misma mutua trabazón de las partes (fuera quedarán las partes no trabadas). La misma trabazón determinará la escala de los términos-unidades que efectivamente resulten haber funcionado como tales en el proceso de construcción. Los términos-unidades no están dados previamente a los procesos de construcción, pero no por ello, cuando se dibujan, se muestran con un contorno menos acusado. Los *puntos* no son términos previamente dados al proceso de construcción geométrica; se dan, por ejemplo, en el momento de la intersección de las rectas, pero no por ello dejan de ser términos efectivos de la Geometría. Los *elementos* químicos no están dados previamente a los procesos del análisis o de la síntesis química (lo que previamente estaba dado era, por ejemplo, la «tierra», el «agua», el «fuego» o el «aire»); pero no por ello, los elementos químicos, que no tienen propiamente existencia «sustantiva», dejan de ser tales elementos[10]. Es obvio que la «propagación» de un proceso de cierre depende de la estructura del campo. Será preciso analizar tales estructuras: los sistemas «holoméricos» ofrecerán virtualidades gnoseológicas diferentes de los sistemas no holoméricos (un sistema de condensadores asociados en batería es un sistema holomérico en el cual el todo –respecto a su capacidad de carga– es mayor que la de cada una de las partes; un sistema de condensadores asociados en serie es también un sistema holomérico, si bien la capacidad del *todo* –del sistema– es menor que la suma de las capacidades de las partes).

---

10 Gustavo Bueno, *Primer ensayo sobre las categorías de las 'Ciencias Políticas'*, Biblioteca Riojana, Logroño 1991, pág. 291.

Los «espacios de inmanencia» que los procesos de construcción cerrada, objetual y proposicional, van conformando, no pueden tener límites precisos preestablecidos. No por ello el cierre de los mismos (y la inmanencia que de él resulta) habrá de ser menos firme. En cualquier caso, el cierre (la inmanencia) de un campo no es una clausura, sino, por el contrario, la condición para que un campo se nos abra plenamente –y, a veces, de un modo ilimitado– ante nuestros propósitos racionalizadores. El cierre químico –el de la Química clásica–, representado por la tabla periódica, excluye cualquier vacua pretensión de proseguir el descubrimiento de nuevos elementos de modo indefinido. Sabemos que por encima de un determinado número, que se estima en 173, es imposible encontrar nuevos elementos; pero el cierre del campo que contiene a los elementos químicos, lejos de constituir una traba para el desarrollo de la Química, constituye el principio de la soberanía de la misma Química en su campo. Compuestos químicos nuevos, que ni siquiera se han dado en la Naturaleza, pueden comenzar a aparecer en la industria. *Cierre no es clausura.*

Podemos poner en correspondencia los «espacios de inmanencia» delimitados por un cierre con las *categorías*, tal como han sido consideradas por la tradición filosófica, desde Aristóteles. En efecto, la inmanencia del cierre proposicional se constituye en un acto de predicación –*categorein*–; además, según los tipos de esa predicación, así los tipos de inmanencia; y también cabría aducir que las propias categorías –aristotélicas o porfirianas– se mantienen cuanto a sus contenidos, a una escala similar a la de los «espacios de inmanencia» de que venimos hablando. *¿No serán suficientes estas precisiones para declarar la conveniencia de considerar a los cierres de esos «espacios de inmanencia» como cierres constitutivos de categorías, como cierres categoriales?*

Si reconocemos esta suficiencia, el proyecto de coordinación entre las categorías y las unidades científicas, parece cobrar sentido. La tradición aristotélica puso en marcha este propósito partiendo de las categorías; sus resultados son inadmisibles en nuestros días («tantas ciencias como categorías»: si, por ejemplo, se establecen diez categorías, habría que postular una ciencia de la sustancia –o Metafísica–, otra de la cantidad –o Matemática–, otra de la cualidad, &c.). Pero el proyecto podría repetirse, aunque en sentido opuesto, es decir, partiendo de la ciencia («tantas categorías como ciencias»). Las ciencias –y no los juicios–

serían los hilos conductores capaces de guiarnos en la determinación de los campos categoriales. Hablaremos así de *categorías mecánicas*, de *categorías químicas*, de *categorías biológicas*. En cualquier caso las categorías no son internamente homogéneas: un campo categorial no es un espacio uniforme, sino «arracimado»; será preciso, por tanto, en cada categoría, reconocer categorías subalternas o subcategorías de diverso rango.

10. Un campo categorial podría compararse a un mar sin orillas en el que fueran formándose vórtices diferentes (los contextos determinantes, los cierres de teoremas elementales) que irán propagándose y, por tanto, confluyendo con otros vórtices, más o menos distantes, que se habrán formado en el mismo medio. El campo categorial de una ciencia no es, por esto, y según lo que hemos dicho, uniforme y llano, sino «rugoso», con fracturas, *anómalo*; sobre todo, su unidad no puede darse por establecida antes de que tengan lugar los cursos de construcción y, con ellos, las líneas o *principios* por los cuales estos cursos se guían.

Pero los *contextos determinantes* son armaduras o configuraciones que han de ser dadas en el *campo semántico*. Asimismo, los *principios* pueden atravesar a muy diversas configuraciones, cubriéndolas a todas ellas. Por ello la mejor manera de alcanzar perspectivas capaces de envolver, aunque sea oblicuamente, a las configuraciones dadas en el eje semántico, pasará por el *regressus* a los ejes *sintáctico* y *pragmático* del espacio gnoseológico (en la medida en que ellos se crucen con el eje *semántico*). Distinguiremos, de esta manera, los *principios sintácticos* (principios diferenciados en el eje semántico, cuando se le considera desde el eje sintáctico) de los *principios pragmáticos* (principios diferenciados, en el *eje semántico*, cuando se le considera desde el eje pragmático).

Desde la perspectiva del eje sintáctico, los principios dados en el eje semántico podrán distinguirse como principios de los *términos*, principios de las *relaciones* y principios de las *operaciones*.

Los *principios de los términos* son los mismos términos «primitivos» del campo en tanto están enclasados y protocolizados. Los «principios de los términos» no son meramente conceptos o definiciones nominales o símbolos algebraicos, sino los términos mismos (los reactivos «titulados» de un laboratorio químico, los fenómenos ópticos analizados y «coordenados» que se registran en el radiotelescopio, en cuanto principios de la Astronomía). Los principios, en efecto, no tienen por qué presuponerse como si estuvieran dados de modo previo a la ciencia. Ellos son algo interno y dado en el campo de la ciencia, *in medias res*. De este modo el término «principio» alcanzará un sentido similar al que tiene en Medicina, por ejemplo, donde se habla de un «principio activo» («el ACTH es el *principio activo* de muchos fármacos destinados al tratamiento de la enfermedad de Addison»); un principio que, por sí sólo, no actuaría ni podría ser administrado. Un esquema material de identidad, en torno al cual cristalice un contexto determinante, será también un principio (por ejemplo, la circunferencia podrá considerarse como un principio de la Geometría).

Los *principios de las relaciones* podrían coordinarse con los axiomas de Euclides, y los *principios de las operaciones* con sus postulados. Habría una cierta base para reinterpretar con sentido gnoseológico (no meramente epistemológico) la distinción tradicional entre *axiomas* y *postulados*.

Esta concepción gnoseológica de los principios nos permite plantear cuestiones inabordables –o ni siquiera planteadas– por otras teorías de la ciencia, como la siguiente: «¿por qué el sistema de Newton tiene tres axiomas?» Esta cuestión, que está, sin duda, referida a los principios de las relaciones, podría sustanciarse, una vez fijados determinados resultados, como cuestión que tiene que ver con el análisis de los principios de los términos del sistema newtoniano. Supuesto que los términos del campo de la Mecánica pertenezcan a tres clases L, M, T, serían precisos tres principios de relaciones para fijar la conexión de los pares {L, M}, {L, T} y {M, T}.

Los *postulados* serán interpretados, principalmente, como «principios de cierre». Esto nos permitirá reinterpretar algunos principios (a pesar de que su formulación pueda sugerir incluso una intencionalidad metafísica) como principios de cierre. El «principio de Lavoisier», lejos de ser un principio cosmológico, cuasimetafísico («la materia no se crea ni se destruye»), sería un «principio de cierre» de la Química clásica («la masa, determinada por la balanza, ha de ser la misma antes y después de la reacción»).

Desde la perspectiva del *eje pragmático* habrá que distinguir principios que, aun proyectados en el eje semántico, puedan decirse principios de los *autologismos* (en cada categoría), principios de los *dialogismos* y principios *normativos*. Por ejemplo, la sustituibilidad entre los sujetos operatorios (sustituibilidad que tiene definiciones diferentes en Física, en Biología o en Ciencias Históricas), es un principio dialógico; los principios de la Lógica formal (no contradicción, tercio excluido, &c.), que también hay que aplicar a cada categoría (por ejemplo, el principio lógico «dos cosas iguales a una tercera son iguales entre sí», en el campo termodinámico, cuando se aplica a las temperaturas, equivale a la definición del termómetro), serían *principios pragmáticos normativos*.

Modos de las ciencias

El criterio para establecer los *modos* gnoseológicos –interpretados como vías hacia la construcción de configuraciones objetivas– lo tomamos del eje sintáctico. Pues lo que aquí hay que tener en cuenta son las maneras de operar con los términos y las relaciones dadas en los campos objetivos; o, lo que es equivalente, lo que hay que tener en cuenta son los tipos diversos de functores. Distinguiremos, generalizando una sugerencia de Curry[11], los siguientes cuatro tipos de functores: *functores predicativos* (los que forman predicados o relaciones a partir de términos, algebraicamente, por ejemplo: '<' en 'a<b'); *functores nominativos* (forman términos a partir de términos, por ejemplo '+', puesto que aplicado a 'a','b' obtenemos 'a+b'); *functores conectivos* (que forman relaciones a partir de relaciones, por ejemplo 'a<b ∧ b<c → a<c') y *functores determinativos* (forman términos a partir de predicados, por ejemplo 'ι×P(x)'). Tomando como hilo conductor estos diversos tipos de functores distinguiremos los siguientes *modos* gnoseológicos:

(1) *Modelos* (correspondientes a los functores predicativos). Los modelos son «configuraciones» o «armaduras» que establecen relaciones definidas con términos del campo gnoseológico. Un contexto determinante puede considerarse como un modelo cuando sea fértil para determinar identidades sintéticas.

Utilizando la distinción entre relaciones isológicas y heterológicas, por un lado, y entre términos distributivos y atributivos, por otro, podríamos establecer la siguiente taxonomía de modelos:

---

11 Haskell B. Curry, *Leçons de logique algébrique* (Gauthier-Villars, París 1952, pág. 38) ofrece los tres primeros functores y no completa el sistema con el cuarto tipo, que introducimos nosotros, de f*unctores determinativos*.

(a) *Metros* (modelos isológicos atributivos): el sistema solar, será modelo-metro de planetas respecto satélites suyos o de otras galaxias; la familia romana de la época de la República es metro de la familia cristiana.

(b) *Paradigmas* (modelos isológicos distributivos): la tangente a la curva sería paradigma de la velocidad de un móvil; las superficies jabonosas son paradigmas de ciertos fenómenos de difracción de ondas de luz o de sonido.

(c) *Prototipos* (modelos heterológico atributivos): la vértebra tipo de Oken es prototipo del cráneo de los vertebrados.

(d) *Canones* (modelos heterológico distributivos): la fórmula de MacLaurin es canon de las funciones polinómicas; el gas perfecto es modelo canónico de gases empíricos.

(2) *Clasificaciones* (correspondientes a los functores determinativos). Las clasificaciones se entenderán como procedimientos que, a partir de relaciones dadas, establecen otros términos, simples o complejos, dentro del sistema. La construcción puede ser descendente (del todo a las partes) o ascendente (de las partes al todo); las totalidades pueden ser distributivas (*diairológicas*: el concepto estoico de diairesis, traducido al latín por divisio iba referido a las totalidades distributivas[12]) o atributivas (*nematológicas*; a estas totalidades iba sin duda referido el concepto estoico de *merismos*, traducido al latín por *partitio*[13]). Del cruce de estas opciones resultará la siguiente taxonomía de los modos de clasificación:

(a) *Taxonomías* (clasificaciones descendentes distributivas): por ejemplo, la clasificación de los poliedros regulares; la clasificación caracterológica de Heysmann.

(b) *Tipologías* (clasificaciones ascendentes distributivas): por ejemplo, la tipología de biotipos de Kretschmer.

(c) *Desmembramientos o descomposiciones* (clasificaciones descendentes atributivas): por ejemplo las «cortaduras» de Dedekind.

---

12 Véase el *Index verborum y concordancia de las 'Institutiones Oratoriae' de Quintiliano*, de José Javier Iso Echegoyen, Instituto de Estudios Riojanos, 1989, s.v. *divisio*, pág. 119.

13 Véase el *Index* antes citado, s.v. *partitio*, pág. 350.

(d) *Agrupamientos* (clasificaciones ascendentes atributivas): por ejemplo, la clasificación de las áreas terrestres en cinco continentes, o la clasificación de los vivientes en cinco reinos. El concepto de «agrupamiento» puede considerarse como explícitamente incorporado a la metodología estadística, a través de la técnica del *cluster*[14].

(3) *Definiciones* (correspondientes a los functores nominativos). Son procedimientos que forman términos a partir de términos, sea por vía genética (los conceptos de secciones cónicas), sea por vía estructural (la ecuación de las cónicas).

(4) *Demostraciones* (correspondientes a los functores conectivos). Las cadenas hipotético-deductivas pueden ser modos gnoseológicos si son fértiles (por ejemplo, apagógicamente), para establecer identidades.

Una ciencia se desenvuelve por medio de un entretejimiento de los diversos modos gnoseológicos: la Biología, por ejemplo, utiliza modelos y demostraciones, pero también definiciones y clasificaciones. Una ciencia, históricamente dada, podría entenderse como un conjunto de definiciones, paradigmas, modelos y demostraciones entretejidos. Sin embargo, es interesante suscitar la cuestión de la posibilidad de diferenciar las ciencias según su mayor o menor propensión a utilizar alguno de los cuatro modos. Así mismo, podríamos tomar la taxonomía propuesta de los modos como criterio para obtener una clasificación de las diversas teorías de la ciencia. Según Leibniz, las ciencias tenderían a resolverse, sobre todo, en definiciones; en la tradición de Espeusipo y otros platónicos, las ciencias, sobre todo las ciencias naturales, se acogerían preferentemente al modo de la clasificación, de la taxonomía (de la «sistemática»); algunos conciben a las ciencias, o al menos a algunas ciencias, como «ciencias de modelos» (Papandreu concebía la Economía política como ciencia de modelos); y, por último, la tradición aristotélica, que llega a Stuart Mill, ve la ciencia, sobre todo, como una «cadena de demostraciones».

11. El *cuerpo* de una ciencia se nos ofrece como un complejo polimorfo, como un superorganismo compuesto de partes y procesos muy heterogéneos que van engranando los unos a los otros «por encima

---

14 He aquí la definición que Evverit Brian da del cluster analysis: «dado un conjunto de **N** objetos o individuos sobre los que se han metido p variables, diseñar esquemas de clasificación para agrupar los individuos y objetos en '**r**' o '**g**' clases» (Evverit Brian, Cluster analysis, 1978, pág. 3).

de la voluntad» de sus agentes, los sujetos operatorios. El cuerpo de una ciencia podría compararse también a un entretejimiento de mallas diversas, con hilos sueltos y con nudos flojos. Pero todo se disgregaría si, de vez en cuando, los hilos de la trama no se anudasen con los de la urdimbre por el vínculo cerrado por la identidad sintética en la que consiste una verdad científica. Ella confiere a la ciencia su auténtica *forma*. Una ciencia que no pudiese ofrecer verdades *propias* –es decir, identidades sintéticas sistemáticas– dejaría de ser una ciencia. También es cierto que la identidad sintética no siempre alcanza el mismo grado de plenitud: hablamos de «franjas de verdad», de grados de firmeza de los vínculos anudados por una identidad sintética.

Es en virtud de la doctrina de la verdad como identidad sintética por lo que la teoría del cierre categorial se opone a las otras tres familias de teorías de la ciencia: descripcionismo, teoreticismo y adecuacionismo. La mejor manera (por no decir la única) de determinar con alguna precisión estas diferencias es contrastarlas en situaciones o en procesos concretos (matemáticos, termodinámicos, químicos…), tratando de establecer las diferencias de análisis y de interpretación que las diversas teorías de la ciencia pueden ofrecer de estos mismos procesos o situaciones. En este lugar, nos limitaremos a reproducir la exposición comparativa ofrecida en otro lugar (TCC 1:164-172) de los análisis que las diferentes teorías de la ciencia que venimos considerando podrían instituir en torno a un teorema geométrico muy sencillo, el teorema según el cual el área S de un círculo de radio r se expresa por el producto πr^2 (si insistimos en el análisis de este teorema geométrico –en lugar de ofrecer el análisis comparativo de algún teorema físico o biológico– es debido a la claridad del análisis comparativo que propicia el teorema geométrico de referencia y, no en menor proporción, a la brevedad de la exposición de los análisis comparativos que el mismo teorema permite).

¿Cómo se interpretaría la verdad $S=\pi r^2$ desde una perspectiva gnoseológica descripcionista? El descripcionismo, si es coherente, interpretará esta fórmula como una descripción aproximada de las medidas tomadas en círculos empíricos, fenoménicos («redondeles»); las pruebas de esta verdad serán interpretadas como meros artificios simbólicos para reexponer o condensar esas medidas empíricas. Ahora bien: a nuestro entender, la interpretación descripcionista de la verdad $S=\pi r^2$ es gratuita, y ella confunde los contextos de descubrimiento y los contextos de justificación. Más aún: es un apriorismo aplicar al caso la idea de «descripción», porque propiamente habría que decir que ni siquiera cabe medir en el caso que nos ocupa. Medir aquí equivaldría a superponer cuadrados-unidad en la superficie circular, y ello nos llevaría a enfrentarnos con el problema de la cuadratura del círculo. No podemos medir con números racionales el número irracional π. El descripcionismo encubre, en realidad, la estructura de la identidad que constituye la verdad de la relación $S=\pi r^2$.

El teoreticismo, por su parte, se esforzará desesperadamente por disociar la fórmula $S=\pi r^2$ y su predicado modular («verdadera»). A este efecto, dejará de interpretar la fórmula como proposición, y la conceptuará como función proposicional (que no es propiamente ni verdadera, ni falsa). Para el teoreticismo (y, en este punto, a nuestro juicio, el teoreticismo constituye un análisis más profundo que el que pudo ofrecernos el descripcionismo), la fórmula es una construcción; pero, por sí misma, esta construcción no es ni verdadera ni falsa, sino que, como función proposicional, habrá que decir que es una regla para formar proposiciones. Por tanto, la verdad, a lo sumo, aparecerá conforme la regla se aplica a cada caso; propiamente nunca se verifica, si se estrechan los márgenes de error admisible. Ahora bien, sin duda, la interpretación teoreticista de la verdad de esta fórmula es muy elegante. Ella se basa, al revés que el descripcionismo, en desconectar la fórmula de su origen, considerándola, en sí misma, vacía. El teoreticismo postula que la verdad de esta fórmula no es empírica; aquí, es preciso darle la razón. En efecto, la demostración de esta verdad se desenvuelve en una teoría que incluye operaciones muy heterogéneas. Pero, ¿no es excesivo negar las verdad al teorema, precisamente en el estado de abstracción en que se nos presenta? El recurso de interpretar $S=\pi r^2$ como una definición, en la que '=' signifique que 'S' es sustituible por 'πr^2', sólo tiene validez en el contexto técnico del cálculo, pero no agota la relación; como veremos, lo que llamaremos St es distinto de Sb; por tanto el signo '=' no es analítico, como puede demostrarse simplemente teniendo en cuenta, que '=' ni siquiera expresa una igualdad, sino una *adigualdad*; 'S' no sustituye a 'πr^2', sino que, cuando tenemos en cuenta la génesis de la fórmula, denota directamente el círculo.

El adecuacionismo se basa en disociar (o desdoblar) la realidad a la que se refiere el teorema en estos dos planos: el que contiene al «círculo algebraico» y el que contiene al «círculo gráfico».

A continuación, el adecuacionismo establecerá una relación de correspondencia isológica entre ambos. ¿Hasta qué punto no es ilusoria esa tal correspondencia? Pues el adecuacionismo deja de lado la circunstancia de que la *fórmula algebraica* procede del propio círculo gráfico y que no cabe desconectarla de los círculos fenoménicos, a partir de los cuales se establece. Considerada al margen de su génesis, la verdad de la fórmula deja de ser científica (aunque pueda tener la utilidad de una regla). La cientificidad de la fórmula reside en su construcción. El «desdoblamiento» que el adecuacionismo promueve, le obligaría a dar nombres a la fórmula, introduciendo un metalenguaje ($S'=\pi'r'^{2'}$) y postulando a continuación la identidad entre esa fórmula metalingüística y la fórmula geométrica $S=\pi r^2$. Podría decirse que hay adecuación en la medida en que hay dos lenguajes «isomorfos». Sólo que la verdad geométrica que analizamos no cabe en los límites determinados por una adecuación entre los dos lenguajes; la verdad se refiere intencionalmente al mismo círculo. (En otra versión, el adecuacionismo dirá, que πr^2 es una «proposición en sí», o una «verdad en sí», en el sentido de Bolzano; y que si las construcciones algebraicas y empíricas coinciden ello será debido a que coinciden con la «proposición en sí». No podemos entrar aquí en la crítica de esta versión del adecuacionismo, a la que, por otra parte, consideramos como una proposición metafísica o, acaso simplemente, como una petición de principio.)

Desde el punto de vista de la concepción de la verdad que hemos expuesto, la verdad de la fórmula $S=\pi r^2$ se nos manifiesta, desde luego, como una *identidad sintética*. La identidad sintética aquí no se establece entre dos términos, como si fuese una relación binaria, ni se expresa en una proposición aislada (en un juicio, del estilo $7+5=12$), sino en un teorema. Un teorema es un sistema complejo que consta obligadamente, no sólo de n proposiciones, sino de múltiples estratos sintácticos, semánticos y pragmáticos. Por ejemplo, $S=\pi r^2$, incluye términos, operaciones y relaciones; también hay fenómenos –el «redondel»–, referencias fisicalistas, esencias o estructuras –pasos al límite, incrementos diferenciales–, y, desde luego, autologismos (que aquí actúan de un modo muy notorio), dialogismos (como lo muestra la propia historia de este teorema) y normas. Advertimos aquí cómo la identidad sintética se establece en una relación que brota «transversalmente» de cursos operatorios confluyentes. Las confluencias resultantes de estos cursos no pueden ser abstraídas, ni proyectadas sobre la «realidad»; constituyen más bien el momento dinámico (genético) de la construcción en cuyo seno brotará la estructura objetiva, desde la cual las operaciones pueden considerarse neutralizadas.

Los cursos operatorios que conducen al teorema $S=\pi r^2$ son muy diversos. Consideraremos los dos siguientes, cuyo carácter, no por elemental, deja de ser menos fundamental. Ambos cursos se basan en una descomposición-recomposición *homeomérica* u *holomérica* del círculo, cuyo análisis (central para la teoría del cierre categorial) lo diferimos para el Tomo 8, en el que nos ocuparemos de la *identidad sintética* y de las virtualidades de los sistemas holoméricos para la desarrollo de identidades sintéticas.

Curso I: Parte de la descomposición (*homeomérica*) de S en triángulos isósceles inscritos (de área $a\times b/2$), que tienden a convertirse en radios de la circunferencia, al disminuir su base; el perímetro suma de esos polígonos tenderá a la circunferencia $2\pi r$, al mismo tiempo que las apotemas a tienden al radio r. La construcción es genuinamente dialéctica: comienza agregando desde fuera al círculo un conjunto de polígonos, que, al final, habrán de ser eliminados. Pero la construcción nos llevará a un resultado, al producto πr^2, que procede de esas transformaciones de los polígonos inscritos: $(a\times b/2)$ $n=(an/2)r=(2\pi/2)r=\pi r^2$, al alcanzar sus límites.

Curso II: Partimos ahora de la descomposición (*holomérica*) del círculo S (de cualquier círculo, lo que plantea problemas especiales relativos a la identidad isológica esencial entre los diversos círculos) en bandas (coronas) desarrolladas en rectángulos de base $2\pi r$ y altura dr. Estas bandas, en su límite, tienen la figura del rectángulo y el círculo se nos dará ahora como el límite de una figura compuesta de rectángulos. En efecto, el área de cada banda podrá expresarse, según el área del rectángulo, por la fórmula $2\pi r.dr$; por lo que, a medida que estas «bandas» van creciendo hasta el radio máximo R, que atribuimos al círculo de partida, su área total será el límite de la suma o integral $\int_R^0 2\pi \, r dr = 2\pi(r^2/2)=\pi r^2$.

Los pasos principales de los *cursos I* y *II* quedan expresados en el siguiente cuadro:

Curso I Construcción según el sistema de partes triangulares	Curso II Construcción según el sistema de partes rectangulares
Cada parte es un triángulo cuya área es: $$\dfrac{b \cdot a}{2}$$	Cada parte es un rectángulo cuya área es: $$b \cdot a$$
El conjunto de triángulos forma un polígono P, cuya área es: $$\dfrac{P \cdot r'}{2}$$	En nuestro caso, cada rectángulo se puede expresar por: $$2\pi r \cdot dr$$
P, en el límite es: $$2\pi r$$	En el límite: $$\int_0^R 2\pi r \cdot dr$$
Luego $$\dfrac{2\pi \cdot r'}{2} = \pi r^2$$	Luego $$\int_0^R 2\pi r \cdot dr = \dfrac{2\pi R^2}{2} = \pi R^2$$

Cuadro de confrontación de los pasos seguidos por dos cursos operatorios totalmente heterogéneos pero que conducen al mismo resultado $S = \pi r^2$.

Cada uno de los *cursos*, conduce pues, en resolución, a la misma $S = \pi r^2$. Cada uno de los cursos establece ya una identidad sintética entre S y πr^2. Sintética, porque a partir del círculo S (que incluye necesariamente un contenido fenoménico), no se deriva analíticamente πr^2 (es precisa una descomposición «extrínseca» en figuras auxiliares, con las cuales formaremos después triángulos o bandas). Teniendo esto en cuenta se hace necesario, para el análisis, determinar la fórmula de este modo: $S=t\pi r^2$ (o bien $St=\pi r^2$) y $S=b\pi r^2$ (o bien $Sb=\pi r^2$), significando, respectivamente: S es igual «triangularmente» a πr^2, y S es igual «en bandas» a πr^2. Por consiguiente, la expresión más exacta de las relaciones obtenidas sería la siguiente: $(St=\pi r^2)$ & $(Sb=\pi r^2)$ → $(St=Sb)$. Para llegar a esta fórmula, ha sido necesario sumar tanto los triángulos como las bandas; después ha sido preciso pasar al límite, reduciendo los triángulos a una base cada vez más pequeña, y, correspondientemente, haciendo lo mismo con las bandas. Hay una síntesis, aunque no sea más que porque pasamos de longitudes, o de relaciones de longitudes (r, π), a áreas.

En cada *curso* que conduce a $S=\pi r^2$ hay, por tanto, una confluencia operatoria múltiple. Por ejemplo, en el *curso I*, las operaciones de disminuir las bases de los triángulos, de identificar estas bases mínimas con los puntos de la circunferencia y el perímetro del polígono con $2\pi r$; confluyen sintéticamente (a través de autologismos respectivos) con la identificación de la apotema y del radio; en el conjunto de estas operaciones aparece la composición de $2\pi r/2$ y r, y, por cancelación algebraica, πr^2 (sintetizado autológicamente con la denotación de S). Adviértase que al suponer a S dado en un plano fenoménico y fisicalista, la construcción del teorema (tanto en el *curso I* como en el *curso II*) no es meramente «ideal»; debe ser remitida a un contexto empírico (Proclo diría: existencial), que comporta, de modo más o menos explícito, la verificación de los números, es decir, el ajuste numérico de las medidas de las áreas de diversos círculos. No se trata, por tanto, de que estemos ante una fórmula ideal *a priori* de un modelo puro esencial, ulteriormente aplicable a materiales empíricos. Admitirlo así, equivaldría a desconectarnos gratuitamente del proceso constructivo-demostrativo, ateniéndonos a la fórmula como una mera regla. La fórmula sólo funciona sobre materiales empíricos, sobre «redondeles» descompuestos y se extiende de unos a otros por recurrencia. De manera que ni cabrá hablar de una «sorpresa» en cada caso que realiza la fórmula (como si pudiera no verificarla) –cada caso no pertenece a otro mundo «real», distinto del supuesto mundo ideal apriorístico, sino que pertenece al mismo mundo–, ni tampoco cabe hablar de una monótona repetición que nada añade a la verdad ya establecida. Por de pronto, cada caso implica eliminación de los componentes distintos a partir de los cuales puede configurarse el material fenoménico (color, composición química, lugar; también, longitud de los círculos, y, sobre todo, estado de inserción del círculo en esferas, planos o cualesquiera otras figuras geométricas); esto nos permite reconocer cómo la «propagación» de una misma estructura geométrica a través de la diversidad de situaciones y materiales, constituye un incesante motivo de novedad, resultante de la reiteración misma.

Ahora bien, la confluencia, en la misma fórmula πr^2, de los dos cursos operatorios también debe considerarse como fuente decisiva de la identidad sintética que establece este teorema. Es cierto que no puede decirse que la verdad de πr^2 haya que referirla únicamente a la identidad o confluencia de los dos cursos operatorios que llevan a la fórmula. Tampoco puede decirse que cada curso sea autónomo y que su confluencia con el otro no añada nada en cuanto a certeza (o *convictio*), que sí lo añade; lo importante es que la confluencia añade, sobre todo, contenido (*cognitio*). No puede decirse, en resumen, que esa confluencia sea irrelevante, porque cada curso no añade ninguna evidencia al otro curso, como si fuera suficiente cada uno por sí sólo. Solamente desde la perspectiva de Dios Padre, de su «Ciencia de simple inteligencia» (para la cual todas las verdades son analíticas), puede afirmarse que «es natural» que St dé el mismo resultado que Sb, *puesto que se trata del mismo círculo*. Con semejante afirmación, incurriríamos en flagrante petición de principio. Sólo podría afirmar esta «naturalidad» quien hubiera conocido la relación πr^2 antes de triangular el círculo o de descomponerlo en bandas, y hubiera formado los círculos a partir de esa relación. Pero el proceso efectivo es el inverso: es porque St conduce a πr^2 y porque Sb (por caminos totalmente independientes) conduce a πr^2 por lo que podemos poner St $\doteq$ Sb. Lo que habría que reconocer es que, por decirlo así, no tendría *a priori* por qué ocurrir que el área S, a la que se llega por triangulación, fuese la misma que el área S a la que se llega por segmentación en bandas. No tendrían en principio por qué ajustar los resultados de esos cursos, si tenemos en cuenta sólo el hecho de que cada uno de ellos constituye un completo artificio, requiere operaciones de paso al límite llevadas a cabo por vías totalmente independientes. Por tanto, si se identifican St y Sb, en S, habrá que admitir que ello se debe a su identidad en la fórmula πr^2. Esta es la razón por la cual establecemos que St $\overset{\cdot}{=}$ Sb, pero no puede decirse que, por ser (*ordo essendi*) éstas idénticas, es «natural» que ambos cursos operatorios hayan de conducir (*ordo cognoscendi*) al mismo resultado.

En todo caso, será la confluencia de estos dos cursos lo que permite *neutralizar* las operaciones respectivas (de triangulación y de bandas), es decir, la segregación de la estructura respecto de sus génesis, cuyos cursos tienen tan diversas trayectorias. En efecto: si consideramos cada curso por separado, por ejemplo, el *curso I*, habremos de decir que el área πr^2 de S sólo se nos muestra como verdadera (la identidad St=πr^2) a través del polígono que va transformándose en otro, y este en un tercero…, disminuyendo la longitud de sus lados. Esto equivale a decir que la identidad S=πr^2 se establece en función de esos polígonos que multiplican (operatoriamente) sus lados, de esas apotemas que tienden al radio (confluyendo los resultados de estas operaciones con los resultados de las otras aplicadas a los lados). Siempre habría que dar un margen de incertidumbre a la relación St=Sb. En efecto, aunque el área S esté dada en función de los triángulos que se transforman los unos en los otros no está determinada por ellos. Habría que sospechar que la relación St=S=πr^2 pudiera no ser una identidad por sí misma, sino «sesgada» por la triangulación. Podría pensarse que no fuera siquiera conmensurable la triangulación con S, y que la fórmula πr^2 fuese una aproximación de πr^2 a S, pero no S mismo. En cualquier caso, S sólo se nos hace aquí idéntico a πr^2 por la mediación del curso de la triangulación, y sin que pueda eliminarse propiamente este curso. El «paso al límite» no es un «salto» que pueda dejar atrás (salvo psicológicamente), a los pasos precedentes.

Pero cuando los dos *cursos I y II* confluyen en una misma estructura (S=πr^2), entonces es cuando es posible neutralizar (o segregar) cada curso, desde el otro. La neutralización será tanto más enérgica cuando ocurra, como ocurre aquí, que los cursos son, desde el punto de vista algorítmico, totalmente distintos; que las mismas cifras que aparecen como las «mismas» (esencialmente) en el resultado (por ejemplo, el 2 de πr^2 y el 2 de 2π, que se cancela por otra mención de 2) proceden de fuentes totalmente distintas: en el *curso I*, πr^2 toma el 2 exponente de la repetición de r en 2πr.r, es decir, de la circunstancia de que r aparece en la fórmula 2πr (límite del polígono) como límite de la apotema a; pero en el *curso II*, πr^2 toma el 2 exponente del algoritmo general de integración de funciones exponenciales x^n para el caso n=1.

Asimismo, en el *curso I*, la cancelación de 2 (en el contexto 2π) se produce a partir del '2' procedente de la formulación del área del triángulo como mitad de un rectángulo, pero en el *curso II*, el '2' cancelado procede del algoritmo de integración de xn para n=1 (es decir $x^2/2$).

Lo asombroso, por tanto, es la coincidencia de procedimientos algorítmicos tan completamente diversos; asombro que no puede ser declinado ni siquiera alegando de nuevo la consideración de que el círculo es el mismo (al menos esencialmente). ¿Acaso ese mismo círculo ha sido descompuesto de modos totalmente distintos y reconstruido por vías no menos diferentes? Cada una de ellas nos conduce a una *adigualdad*; adigualdad que, por tanto, no puede considerarse como reducible a la adigualdad obtenida en el otro curso. Cada una de estas adigualdades –diremos– nos manifiesta una *franja de verdad*, y la confluencia de ambas franjas tiene como efecto dar más amplitud o espesor a la franja de verdad correspondiente. Como quiera que hay que registrar dos identidades de primer orden (St=πr^2 y Sb=πr^2), y otra de segundo orden (St=Sb), habrá también que registrar tres sinexiones, a saber: la sinexión (S,St), la sinexión (S,Sb), y la sinexión (St,Sb). Si hablamos de sinexiones es porque el círculo S y los triángulos (o bandas) en los que se descompone son, en cierto modo, *exteriores*, al propio círculo; pero no por ello dejan de estar necesariamente unidos a el. Una unión que sólo resulta ser necesaria precisamente cuando haya quedado establecida la identidad sintética. Sólo porque S es a la vez St y Sb, puede decirse que hay conexión necesaria entre ellos.

12. El cierre categorial de una ciencia que se va estableciendo mediante las identidades sintéticas que anudan, con diversos grados de fortaleza, hilos muy heterogéneos del campo gnoseológico, determina la *neutralización* de las operaciones (de los sujetos operatorios).

Ahora bien: las operaciones por medio de las cuales tiene lugar la construcción científica no ocupan en todos los casos el mismo lugar en esta construcción y las diferencias que puedan ser definidas habrán de poder constituirse en los más genuinos criterios de clasificación de las ciencias mismas y, lo que es igualmente importante, de los *estados* gnoseológicos por los cuales puede pasar una ciencia determinada. Una clasificación de las ciencias fundada en estos criterios sería una clasificación interna porque atendería a la misma cientificidad o, si se prefiere, a los «grados de cientificidad» de los cuales las ciencias serían susceptibles. Esta clasificación dejaría de lado, por consiguiente, aunque sin ignorarlas, a clasificaciones fundadas en otros criterios (por ejemplo, la clasificación de las ciencias en «ciencias demostrativas» y «ciencias taxonómicas», o bien, la clasificación en «ciencias formales» y «ciencias reales»).

Aplicando el criterio de los grados o modulaciones de la cientificidad tal como se expone en la teoría del cierre categorial podemos anticipar que la clasificación más profunda de las ciencias que desde la teoría del cierre categorial se dibuja es la que pone a un lado las ciencias humanas y etológicas (redefinidas de un modo *sui generis*) y a otro las «ciencias no humanas y no etológicas».

Las operaciones, como hemos dicho, son siempre apotéticas (separar/aproximar), lo que no implica que las relaciones apotéticas sean siempre resultados operatorios en un sentido gnoseológico (aun cuando siempre cabe citar alguna operación o preoperación de aproximación o alejamiento, cuando se constituyen los objetos a distancia propios del mundo humano e incluso del de los animales superiores). *Resultaría de lo anterior que la neutralización o eliminación de las operaciones tiene mucho que ver con la eliminación de los fenómenos y con la transformación de las relaciones apotéticas y fenoménicas en relaciones de contigüidad.* Tendremos también en cuenta que las causas finales (en su sentido estricto de *causas prolépticas*) son apotéticas; pero las operaciones sólo tienen sentido en un ámbito proléptico, puesto que no hay operaciones al margen de una estrategia teleológica (el matemático que eleva al cuadrado dos miembros de una ecuación para eliminar los monomios negativos, sigue una «estrategia» y sólo desde ella cabe hablar de operación matemática). Advertiremos que, desde estas premisas, cabe entender la eliminación de las causas finales y la de la acción a distancia en la ciencia moderna como resultados de un mismo principio.

En este punto es donde se hace preciso distinguir dos situaciones, en general muy bien definidas, dentro de los campos semánticos característicos de cada ciencia.

Situación primera (α): la situación de aquellas ciencias en cuyos campos no aparezca formalmente, entre sus términos, simples o compuestos, el sujeto gnoseológico (S.G.); o, también, un análogo suyo riguroso, pongamos por caso, un animal dotado de la capacidad operatoria (*Sultan*, de Köhler, «resolviendo problemas» mediante *composiciones* y *separaciones* de cañas de bambú).

Situación segunda (β): la situación de aquellas ciencias en cuyos campos aparezcan (entre sus términos) los sujetos gnoseológicos o análogos suyos rigurosos.

La situación primera corresponde, desde luego, a las ciencias físicas, a la Química, a la Biología molecular (no es tan fácil decidir cuando hablemos de la Etología, como ciencia natural). La situación segunda parece, por su parte, mucho más próxima a la que corresponde a las ciencias humanas. Sobre todo, si tenemos presentes algunas de las definiciones más comunes de estas ciencias: «las ciencias humanas son las que se ocupan del hombre», «las ciencias humanas son aquellas en las cuales el sujeto se hace objeto». No queremos «incurrir» de nuevo en estas fórmulas que, aunque muy expresivas en el terreno denotativo, carecen de todo rigor conceptual. Se trata de redefinirlas gnoseológicamente, si ello es posible.

Y, en efecto, así es. «Las ciencias humanas son aquellas que se ocupan del hombre». La dificultad de esta definición puede cifrarse en que ella no reconoce la necesidad de mostrar precisamente que «hombre» tiene significado gnoseológico. Desde la teoría del cierre categorial, podríamos ensayar la sustitución de «hombre» por S.G. Porque S.G. es, desde luego, humano (según algunos, lo único que es verdaderamente humano). De este modo la fórmula considerada («las ciencias humanas son aquellas que se ocupan del hombre») puede recuperar un alcance gnoseológico, ya que nos pone delante de un caso particular sin duda lleno de significado gnoseológico. «En las ciencias humanas, el sujeto se hace objeto»: también habrá que probar que esta circunstancia gnoseológica tiene significado gnoseológico (Piaget, por ejemplo, desde su teoría de la ciencia, no ve dificultades especiales en el hecho de que los «sujetos» figuren, en su momento, como «objetos» de las ciencias psicológicas o sociales). Pero cuando (desde la teoría del cierre categorial) el sujeto es el sujeto gnoseológico, reconocer la posibilidad de aparecer (reflexivamente) el sujeto entre los términos del campo, entre los objetos, es tanto como reconocer que el sujeto aparece, no como un objeto más, sino, principalmente, como un sujeto operatorio (como una *operación*, o, por lo menos, como un *término que opera*, que liga apotéticamente otros términos del campo). Lo que equivale a decir: que actúa como un científico. Y esta peculiaridad ya tiene indudable pertinencia gnoseológica, y aun de muy críticos efectos. ¿No habíamos hablado del proceso de neutralización (o eliminación) de las operaciones como del mecanismo regular del cierre categorial en el proceso de construcción de las identidades sintéticas?

La demostración de que la distinción entre «ciencias naturales» y «ciencias humanas», a partir del criterio de distinción entre situaciones α y ß, tiene un significado gnoseológico, puede llevarse a cabo (desde la teoría del cierre categorial) del modo más inmediato posible, a saber: mostrando que la situación ß no sólo afecta a un conjunto de ciencias que se relacionan con ella, separándose de las demás (las que no se relacionan) por algún rasgo gnoseológico más o menos importante (lo que ya sería suficiente), sino que las afecta por razón misma de su cientificidad. Es la *cientificidad* misma de las ciencias asociadas a la situación ß (es decir, las «ciencias humanas») aquello que queda comprometido. Y, si esto es así, habremos probado que el criterio es gnoseológicamente significativo y que el concepto de *ciencias humanas* resultante es verdaderamente gnoseológico (sin perjuicio de que este criterio pueda alcanzar una virtualidad ella misma crítica respecto del concepto de ciencias humanas).

En efecto, las ciencias humanas, así definidas, es decir, aquellas ciencias que se incluyen en una situación ß, podrían considerarse, desde luego, humanas, en virtud de su concepto. Ahora bien, la teoría del cierre categorial prescribe la neutralización de las operaciones (del sujeto operatorio, S.G.). La neutralización de las operaciones en la situación de las ciencias humanas comportaría en principio su elevación al rango de cientificidad más alto. Pero con esta elevación, simultáneamente, se perdería su condición de ciencia humana, según lo definido.

Algunos dirán, que, por tanto, lo que procede es eliminar simplemente, la posibilidad del concepto de *ciencia humana* así definido (a la manera como también se han eliminado, por mitológicas, las operaciones del campo de la Física). Pero la conclusión pediría el principio. Porque mientras en las ciencias naturales y formales las operaciones son exteriores, no sólo a la verdad objetiva, sino también al campo, en las ciencias humanas las operaciones no son externas a ese campo; por ello, la verdad de, al menos, una gran porción de proposiciones científicas de las ciencias humanas puede ser una verdad de tipo tarskiano (lo que no ocurre en las ciencias naturales). Y, por ello también, la presencia de operaciones en las ciencias humanas, en sus campos, lejos de constituir un acontecimiento precientífico o extracientífico, constituye un episodio intracientífico que, desde la teoría del cierre, puede formularse con precisión como, al menos, un acontecimiento propio del sector fenomenológico del campo científico. Pues, por lo menos, las *operaciones* son *fenómenos* de los campos etológicos y humanos: es preciso partir de ellos y volver a ellos. Esta consideración nos permite, a su vez, introducir, en la estructura interna gnoseológica de las ciencias humanas, así definidas, dos tendencias opuestas, por aplicación del mismo principio gnoseológico general (que prescribe el *regressus* de los fenómenos a las esencias y el *progressus* de las esencias a los fenómenos) al caso particular en el que los fenómenos son operaciones.

Con estas premisas, estaríamos en condiciones de introducir nuevos conceptos gnoseológicos, a saber, los conceptos de *metodología α* y *metodología β* de las ciencias humanas (inicialmente) y, en una segunda fase, de *metodologías-α* de las ciencias en general. No debe confundirse esta distinción con la distinción entre situaciones α y β que le sirve de base; y que, en todo caso, se reduce a un criterio de clasificación dicotómica (dado que puede aplicarse, no tanto globalmente a las «ciencias átomas», sino también parcialmente, a estados, fases o doctrinas especiales de alguna ciencia humana).

Entendemos por *metodologías β-operatorias* aquellos procedimientos de las ciencias humanas en los cuales esas ciencias consideran como presente en sus campos al sujeto operatorio (en general, a S.G., con lo que ello implica: relaciones apotéticas, fenómenos –ciencia «émica»– causas finales, &c.). Metodología, en todo caso, imprescindible por cuanto es a su través como las ciencias humanas acumulan los campos de fenómenos que les son propios.

Entendemos por *metodologías α-operatorias* aquellos procedimientos, que atribuimos a las ciencias humanas (es decir: que podemos atribuirles como un caso particular del proceso general de neutralización de las operaciones) en virtud de las cuales son eliminadas o neutralizadas las operaciones iniciales, a efectos de llevar a cabo conexiones entre sus términos al margen de los nexos operatorios (apotéticos) originarios. Estas metodologías α también corresponderán, por tanto, a las ciencias humanas, en virtud de un proceso genético interno. Estamos claramente ante una consecuencia dialéctica. Ulteriormente, por analogía, llamaremos metodologías α a aquellos procedimientos de las ciencias naturales que ni siquiera pueden considerarse como derivados de la neutralización de metodologías ß previas. Incidentalmente hay casos –el *demiurgo* astronómico, por ejemplo– que más bien sugieren una simetría o paralelismo, al menos parcial, entre ambos géneros de ciencias y, con ello, la pertinencia de nuestros conceptos.

La dialéctica propia de las metodologías α y ß así definidas puede formularse sintéticamente de este modo:

Las ciencias humanas, en tanto parten de campos de *fenómenos* humanos (y, en general, etológicos), comenzarán necesariamente por medio de construcciones ß-operatorias; pero en estas fases suyas, no podrán alcanzar el estado de plenitud científica. Este requiere la neutralización de las operaciones y la elevación de los fenómenos al orden *esencial*. Pero este proceder, según una característica genérica a toda ciencia, culmina, en su límite, en el desprendimiento de los fenómenos (operatorios, según lo dicho) por los cuales se especifican como «humanas». En consecuencia, *al incluirse en la situación general que llamamos α, alcanzarán su plenitud genérica de ciencias, a la vez que perderán su condición específica de humanas*. Por último, en virtud del mecanismo gnoseológico general del *progressus* (en el sentido de la «vuelta a los fenómenos»), al que han de acogerse estas construcciones científicas, en situación α, al volver a los fenómenos, recuperarán su condición (protocientífica y, en la hipótesis, postcientífica) de metodologías ß-operatorias.

Esta dialéctica nos inclina a forjar una imagen de las ciencias humanas que las aproxima a sistemas internamente antinómicos e inestables, en oscilación perpetua –lo que, traducido al sector dialógico del eje pragmático, significa: en polémica permanente, en cuanto a los fundamentos mismos de su cientificidad–. Es indudable que esta imagen corresponde muy puntualmente con el estado histórico y social de las ciencias humanas, continuamente agitadas por polémicas metodológicas, por debates «proemiales», por luchas entre escuelas que disputan, no ya en torno a alguna teoría concreta, sino en torno a la concepción global de cada ciencia, y que niegan, no ya un teorema, sino su misma cientificidad. Lo que nuestra perspectiva agrega a esta descripción «empírica», no sólo es el «diagnóstico diferencial» respecto de situaciones análogas que puedan adscribirse a las ciencias naturales y formales, sino la previsión («pronóstico») de la recurrencia de esa situación. La antinomia entre las metodologías α y ß-operatorias de las ciencias humanas, no es episódica o casual ni cabe atribuirla a su estado histórico de juventud (¿acaso la Química no es tan joven, o todavía más, como la Economía política?); el conflicto es constitutivo. Y, lo que es más, no hay por qué desear (en nombre de un oscuro armonismo) que se desvanezca, si no se quiere que, con él, se desvanezca también la propia fisonomía de estas ciencias.

El concepto de «ciencias humanas» al que llegamos de este modo es un concepto eminentemente dialéctico, porque, en virtud de él, las «ciencias humanas» dejan de aparecer simplemente como un mero subconjunto resultante de una dicotomía absoluta, que separa dos clases de ciencias en el conjunto de la «república de las ciencias» y deja que permanezcan inertes la una al lado de la otra, como meras «clases complementarias». Las «ciencias humanas» se nos muestran como un conjunto denotativo cuya cientificidad es más bien problemática, y nos remite, desde dentro, a situaciones alcanzadas por las ciencias humanas a través de las cuales éstas van transformándose propiamente en ciencias naturales. La dicotomía no es absoluta.

Por otro lado, el concepto de «ciencias humanas» que hemos construido, se apoya en las situaciones límite, en las *cotas* del proceso (a saber, el inicio de las metodologías ß-operatorias, y su término α-operatorio). Desde ellas, vemos cómo las ciencias que originariamente se inscriben en la clase de las ciencias humanas comienzan a formar parte de la clase α de las ciencias no humanas. Pero la dialéctica efectiva de las «ciencias humanas» es mucho más compleja, obviamente, cuando atendemos no sólo a los límites (a las cotas) sino también a los contenidos abrazados por ellos. La teoría del cierre categorial tiene también recursos suficientes para desplegar esta dialéctica en un cuadro de situaciones más rico; situaciones que siendo, desde luego, internas, puedan dar cuenta, más de cerca, de la multiplicidad de estados en los que podemos encontrar a este magma que globalmente designamos como «ciencias humanas».

Entre los límites extremos de las metodologías α y ß-operatorias, y sin perjuicio de la permanente tendencia a la movilidad de sus situaciones (en virtud de la inestabilidad de la que hemos hablado), cabrá establecer el concepto de los «estados intermedios de equilibrio» de los resultados que vayan arrojando estas metodologías siempre que sea posible conceptualizar modos diversos de *neutralización* (no segregativa, en términos absolutos) *de las operaciones y, por consiguiente, de incorporación de fenómenos.*

Estos estados de equilibrio habrán de establecerse por medio de la reaplicación de los mismos conceptos genéricos gnoseológicos consabidos (en particular, los de *regressus* y *progressus*). Combinando estos conceptos, obtenemos la siguiente teoría general de los estados internos de equilibrio que buscamos:

(I) En las metodologías α-operatorias. El estado límite, aquel en el cual una ciencia humana deja de serlo propiamente y se convierte plenamente en una ciencia natural (en cuanto a su «objeto formal», aun cuando por su «objeto material» siga siendo ciencia «del Hombre») se alcanzará en aquellos casos en los cuales el *regressus* conduzca a una eliminación total de las operaciones y de los fenómenos humanos («de escala humana»), que quedarán relegados a la historia de la ciencia de referencia, a la manera como «pertenecen a la historia de la ciencia» los «motores inteligentes» de los planetas de la Astronomía medieval. Ese estado límite, lo designamos por medio de un subíndice: α_1. En el estado α_1, regresamos a los factores anteriores a la propia textura operatoria de los fenómenos de partida, a factores componentes internos, esenciales, sin duda, pero estrictamente naturales o impersonales. No es fácil acertar en las ilustraciones de estos conceptos gnoseológicos, que hay que discutir en cada caso (la discusión en torno a un ejemplo no compromete, en principio al menos, el concepto gnoseológico). Por nuestra parte, y salvo mejor opinión, pondríamos a la Reflexología de Pavlov como ejemplo de una ciencia que, partiendo de una situación ß-operatoria (digamos *psicológica*, el trato «tecnológico» o «etológico» con perros y otros animales) ha regresado hasta el concepto de reflejo medular o cortical, en cuyo nivel ya no cabe hablar de *operaciones*. En este nivel el animal, como sujeto operatorio, desaparece, resuelto en un sistema de circuitos neurológicos. La metodología psicológica inicial (ß-operatoria), se convierte en Fisiología del sistema nervioso, en ciencia natural. Los fenómenos psicológicos, y su escala (la «percepción» del sonido, o de las formas, o de los «movimientos de retirada», el «hambre», el «dolor», el «miedo», &c.) quedan atrás, se reabsorberán en el *hardware* de los contactos de circuitos nerviosos, como los colores del espectroscopio se reabsorben en frecuencias de onda. Otros ejemplos claros de transformación de una metodología ß en una α los encontramos en la Etología: las relaciones lingüísticas entre organismos de una misma especie (o también, las relaciones de comunicación interespecíficas) se dibujan inicialmente en el campo ß-operatorio de la conducta, tal como la estudia la Etología (investigaciones sobre el lenguaje de los delfines o de las abejas, determinación de pautas de conducta de *cortejo*, *ataque*, &c. entre mamíferos, aves, &c.). Estas relaciones se suponen dadas entre organismos que se mantienen a distancia apotética (precisamente el concepto de «símbolo» incluye esta lejanía entre significante y significado o referencia; el signo reflexivo, autogórico, es sólo un caso límite posterior). Pero sabemos que las relaciones apotéticas no dicen «acción a distancia». La acción es por contigüidad, y las señales ópticas o acústicas deben llegar físicamente de un animal al sujeto que las interpreta. Ahora bien, en el momento en que tomamos en cuenta los mecanismos de conexión física entre señales, estamos regresando, a partir del plano ß-operatorio en el que se configuró el concepto de signo, al campo α-operatorio de la Química o de la Bioquímica. Ahora, las señales serán secreciones externas, *ecto-hormonas* que el animal vierte, no ya al torrente circulatorio de su organismo, sino al medio social constituido por los otros organismos, como si estos constituyesen una suerte de «superorganismo»: las *feromonas* se vierten por cada organismo al medio ambiente, no a la sangre, como las hormonas intraorgánicas, sin perjuicio de lo cual serán concebidas como «hormonas sociales». El curso (*regressus*) que va desde el concepto de *símbolo* o *señal* al concepto de *feromona* (del concepto de *señal social* al de *hormona social*) es el curso de transformación de una metodología ß en una metodología α_1, de la Etología a la Bioquímica. Sin perjuicio de lo cual, si las investigaciones sobre feromonas no quieren perder su sentido global, han de mantener de algún modo el contacto con los fenómenos de partida, con el concepto de «organismos que se comunican». Pero no es este curso regresivo, que desemboca en estados α_1, el único camino para neutralizar los sistemas operatorios del *campo* de partida. También podemos concebir un camino de *progressus* que, partiendo de las operaciones y sin regresar a sus factores naturales anteriores, considera los eventuales resultados objetivos (no operatorios) a los cuales esas operaciones pueden dar lugar (puesto que no está dicho que todo curso operatorio tenga que dar resultados operatorios), y en los cuales pueda poner el pie una construcción que ya no sea operatoria. Las metodologías que proceden de esta manera se designarán como metodologías α_2.

Hay dos modos, inmediatos y propios, de abrirse caminos las metodologías α_2. El primero tiene lugar cuando aquellos resultados, estructuras o procesos a los cuales llegamos por las operaciones ß, son del tipo α pero, además, comunes (*genéricos*) a las estructuras o procesos dados en las ciencias naturales; hablaremos de metodologías I-α$_2$. El segundo modo (II-α$_2$) tendrá lugar cuando las estructuras o procesos puedan considerarse *específicas* de las ciencias humanas o etológicas. Tanto en los estados I-α$_2$ como en el II-α$_2$ puede decirse que las operaciones ß están presupuestas, no ya *ordo cognoscendi* sino *ordo essendi*, por las estructuras o procesos resultantes, los cuales neutralizarán a las operaciones «envolviéndolas», pero una vez que han partido de ellas. En el caso I-α$_2$ es precisamente la genericidad de los resultados (una genericidad del tipo «género posterior») el mejor criterio de neutralización del plano ß, dado que estamos ante situaciones isomorfas a aquellas que no requieren una génesis operatoria. En el caso II-α$_2$ el criterio de neutralización no es otro sino el de la efectividad de ciertas estructuras o procesos objetivos que, aun siendo propios de los campos antropológicos (sólo tienen posibilidad de realizarse por la mediación de la actividad humana), sin embargo contraen conexiones a una escala tal en la que las operaciones ß no intervienen, y quedan, por así decir, desprendidas.

Es evidente, por lo que llevamos dicho, que los estados de equilibrio α$_2$ corresponden seguramente a aquellas situaciones más características de las ciencias humanas, en la medida en que en ellas se da la intersección más amplia posible de sus dos notas características: *ciencias*, por la neutralización de las operaciones, y *humanas*, en tanto que hay que contar internamente con las operaciones. Lo que creemos necesario subrayar es que las ciencias humanas, en sus estados α$_2$, no son, en modo alguno, *ciencias de la conducta* (Etología, Psicología); ni siquiera son *ciencias antropológicas*, en sentido estricto (si es que la Antropología no puede perder nunca la referencia a los organismos individuales operatorios, que están incluidos en el formato del concepto «hombre», en cuanto concepto clase). Son ciencias humanas *sui generis*, pues no es propiamente el hombre (ni siquiera lo «humano») lo que ellas consideran, sino estructuras o procesos dados, sí, por la mediación de los hombres, pero que no tienen por qué considerarse, por sí mismos, propiamente humanos. El concepto de «cultura» (y, por tanto, correspondientemente el concepto de «ciencias de la cultura») en cuanto contradistinto al concepto de «conducta» (correspondientemente al concepto de «ciencias de la conducta», como pueda serlo la Psicología), responde plenamente al caso. Las «ciencias de la cultura» no son «ciencias psicológicas» (se ha distinguido, en la formulación de estas diferencias, L. White[15]). En cierto modo, ni siquiera son ciencias humanas, y no sólo porque también hay culturas animales, sino porque, aun ateniéndonos a las culturas humanas, no puede confundirse la *cultura* con el *hombre* (en términos hegelianos: el *espíritu objetivo* no es el *espíritu subjetivo*). Las estructuras culturales se parecen más a las geométricas o a las aritméticas que a las etológicas o psicológicas. Siendo producidas, en general, por el hombre, son, sin embargo, objetivas. Podría incluso decirse que las ciencias humanas, en el estado α_2, aunque no sean ciencias naturales son, al menos, ciencias *praeter humanas*. En el estado I-α_2, las ciencias humanas se aproximan, hasta confundirse con ellas, con las ciencias naturales (o incluso, con las formales), aunque por un camino diametralmente diferente al que vimos a propósito de los métodos α_1. En efecto, en I-α_2, partimos de operaciones α, que, siguiendo su propio curso, determinan la *refluencia* de estructuras genéricas (comunes a las ciencias naturales), que confieren una objetividad similar a las de las ciencias no humanas. Es el caso de las estructuras estadísticas, pero también el caso de las estructuras topológicas (en el sentido de René Thom) o de cualquier otro tipo. Una muchedumbre que se mueve al azar en un estadio en el que ha estallado un incendio, se comporta de un modo parecido a una «población» de moléculas encerradas en un recipiente puesto a calentar. Pero los movimientos aleatorios de la muchedumbre se producen a partir de *conductas prolépticas* (cada individuo tiende a salir, en el caso más favorable a la comparación con la situación de las moléculas, en línea recta, sólo que choca aleatoriamente con otros individuos) y los movimientos de las moléculas se derivan de la inercia. No cabe, en modo alguno, asimilar los individuos a las moléculas.

En el estado II-α_2 no puede decirse que las ciencias humanas se aproximen a las ciencias naturales o formales, puesto que los procesos y estructuras que alcanzan son *específicos* de la cultura humana (o, en su caso, animal), como pueda serlo el ritmo de evolución de las vocales indoeuropeas, o las «curvas de Kondriatiev». Lo que se ha llamado «ciencia estructuralista» (en el sentido de Lévi-Strauss) se

---

15 Leslie A. White, en *The Science of Culture*, Farrar, Nueva York 1949. Edición española, *La Ciencia de la Cultura*, Paidós, Buenos Aires. Cap. 5: «Culturología versus Psicología».

incluye claramente en la situación II-α_2; la polémica «estructuralismo/existencialismo» (o estructuralismo/humanismo) podría ser reconstruida a la luz de la antinomia entre las metodologías α y β.

(II) Consideramos las metodologías β-operatorias: el estado-límite nos aparece en la dirección opuesta en que se nos aparecía en α (α_1): es un estado que designaremos por β_2. Es el estado correspondiente a las llamadas tradicionalmente «ciencias humanas prácticas», en las cuales las operaciones, lejos de ser eliminadas en los resultados, son requeridas de nuevo por estos, a título de decisiones, estrategias, planes, &c. Las disciplinas *práctico-prácticas* (como se denominaban en la tradición escolástica) no tienen un campo disociable de la actividad operatoria, puesto que su campo son las mismas operaciones, en tanto están sometidas a imperativos de orden económico, moral, político, jurídico, &c. Estamos, propiamente, ante «tecnologías» o «praxiologías» en ejercicio (Jurisprudencia, Ética *includens prudentiam*, Política económica, &c.). Praxiologías que se apoyan, sin duda, en supuestas ciencias teóricas, pero que, por sí mismas, no son ciencias en modo alguno, sino prudencia política, actividad jurídica, praxis.

Desde el punto de vista de la teoría del cierre categorial: se trata de disciplinas β-operatorias que no han iniciado el *regressus* mínimo hacia la esencia, o bien se trata de disciplinas que, en el *progressus* hacia los fenómenos, se confunden con la propia actividad prudencial, con cuyo material han de contar en su propio curso (no son, meramente, «ciencias aplicadas»). Es muy importante advertir que, en este punto, se nos abre la posibilidad de plantear los problemas gnoseológicos más profundos suscitados por las llamadas «Ciencias de la Educación», por la «Pedagogía científica».

Si las metodologías β no son siempre, desde luego, científicas (sino que se mantienen en el estado que llamamos β_2), ello no significa que sea preciso llevar el *regressus* en la dirección que nos saca fuera de las operaciones, que nos lleva a «desbordarlas» (tanto antecediéndolas, en I-α_2 como sucediéndolas, en II-α_2), puesto que también cabe trazar la figura de una situación β tal en la cual pueda decirse que nos desprendemos del curso práctico-práctico de tales operaciones en virtud de la acción envolvente, no ya ahora de contextos objetivos dados a través de ellas, sino de otros conjuntos de operaciones que puedan analógicamente asimilarse a tales contextos envolventes. En esta situación, que designamos por β_1, nos mantenemos, desde luego, en la atmósfera de las operaciones, pero de forma tal que ahora las operaciones estarán figurando, no como determinantes de términos del campo que sólo tienen realidad a través de ellas, sino como determinadas ellas mismas por otras estructuras o por otras operaciones. Y análogamente a lo que ocurría en la situación α_2, también en la situación β_1 cabe distinguir dos *modos* de tener lugar esta determinación de las operaciones.

Un modo *genérico* (I-β_1), es decir, un modo de determinación de las operaciones que, siendo él mismo operatorio, reproduce la forma según la cual se determinan las operaciones ß, a saber, a través de los contextos objetivos (objetuales). Aparentemente, estamos en la situación II-α_2. No es así, porque mientras en II-α_2 los objetos o estructuras se relacionan con otros objetos o estructuras con las que se traban en conexiones mutuas, en I-β_1 los objetos nos siguen remitiendo a las operaciones, y la capacidad determinativa de éstas deriva de que partimos de objetos, pero en tanto ellos ya están dados (en función de otras operaciones, a las que intentamos «regresar»). La situación I-β_1 recoge muy de cerca el camino de las disciplinas científicas que se regulan por el criterio del *verum est factum*, es decir, por el conocimiento del objeto que consiste en regresar a los planos operatorios de su construcción. Tal es el caso de las «ciencias de estructuras tecnológicas», pues en ellas las operaciones resultan determinadas (retrospectivamente, en el *regressus*) por los mismos o similares objetos que ellas produjeron, pero una vez que tales objetos han ido «tomando cuerpo» y acumulándose en el espacio histórico y cultural, y de un modo tal, que hayan podido «objetivarse» y enfrentarse a sujetos muy distintos de quienes los construyeron. «Existe una gran diferencia entre el conocimiento que el que produce una cosa posee con respecto de ella y el conocimiento que poseen otras personas con respecto a la misma cosa [decía Maimónides, *Guía de Perplejos*, 11, 21]. Supongamos que una cosa sea producida de acuerdo con el conocimiento del productor; en este caso, el productor estaría guiado por su conocimiento en el acto de producir la cosa. Sin embargo, otras personas que examinan esta obra y adquieran un conocimiento de la totalidad de ella, ahora ese conocimiento dependerá de la cosa misma.»

Estamos, pues, ante las situaciones consideradas por las ciencias de los objetos artificiales, *opera hominis*, ciencias que saben de las estructuras formadas en tales procesos, «sistemas automáticos» en el caso límite (independientes de la voluntad humana, en sus *fines operis*).

Desde la noria árabe del Guadalquivir, en su paso por Córdoba, hasta un computador autorregulado, tenemos que regresar al *demiurgo* que los fabricó, y, por tanto, tenemos que regresar a las operaciones que los demiurgos determinarán. Pero siempre se diferenciarán tales obras (sistemas, o estructuras artificiales) de los sistemas o estructuras naturales, en los cuales el *regressus* al demiurgo está descartado. Lo que los distingue es la *causa final*, en su sentido más fuerte, a saber, la del *finis operantis*.

La situación I-ß$_1$ abarca una amplísima gama de metodologías de conocimiento, aunque podría decirse que, en nuestros días, su radio de acción se ha restringido, si tomamos como punto de comparación precisamente los tiempos en los que, en Astronomía (y no digamos nada de la Biología), se apelaba a los planes o fines de un demiurgo para reconstruir el «sistema solar» (o el «órgano de la visión»). La «máquina del mundo» quedaba, de este modo, asimilada a una «máquina artificial», según es propio del llamado «artificialismo infantil» (Piaget), pero también de muchos grandes pensadores de nuestra tradición. También es cierto que, si aceptamos la interpretación de Cornford, habría que entender la concepción de las esferas del *Timeo* de Platón como «artificialista», y no como una concepción metafísica, porque Platón estaría allí formulando la estructura de una máquina que no sería, por cierto, la «máquina del mundo» sino la esfera armilar. Dicho en nuestros términos: la metodología del *Timeo* platónico sería una metodología I-ß$_1$ aplicada, no metafísicamente, a un campo natural, sino correctamente, a un campo artificial.

Por último, el concepto de una situación que denominamos II-ß$_1$, es decir, el concepto de una situación en la cual las operaciones aparecen determinadas por otras operaciones (procedentes de otros sujetos gnoseológicos), según el modo específico de las metodologías ß (es decir, sin el intermedio de los objetos o, para expresarlo en otras coordenadas, en una situación tal en la que la *energeia* operatoria es determinada por otra *energeia*, y no por el *ergon*) no es un concepto vacío, la clase vacía, como podría acaso parecer. Por el contrario, toda esa nueva ciencia que se conoce con el nombre de *Teoría de Juegos* podría considerarse como una ciencia desarrollada en el ámbito de las metodologías II-ß$_1$. Y mediante esta consideración, múltiples problemas gnoseológicos que la Teoría de Juegos trae aparejados, encuentran un principio de análisis resolutivo. Por ejemplo, el problema del *lugar* que corresponde a la Teoría de Juegos: ¿es una disciplina matemática o no puede considerarse de ese modo, sin perjuicio de que utilice métodos matemáticos? Responderíamos: es una de las Ciencias Humanas más características (dentro de la Praxiología), y, por ello, se aplica precisamente a los campos etológicos (estudio de estrategias de las conductas de animales cazadores, &c.), o políticos (coaliciones, &c.). Esta conclusión implica retirar el concepto de «juego contra la Naturaleza», que sería metafísico. Los juegos «contra la Naturaleza» son los que se resuelven en el cálculo de probabilidades. Acaso la característica más interesante de los juegos (la imposibilidad de una perspectiva neutral, no partidista, que abarque a todos los jugadores a la vez; la imposibilidad de que una persona juegue al ajedrez consigo misma), y que carece de tratamiento desde la perspectiva de una ciencia universal, que equipara, por principio, como intercambiables, todos los sujetos gnoseológicos, recibe una posibilidad de análisis desde nuestra perspectiva gnoseológica. Pues la clase de los sujetos gnoseológicos puede también considerarse no distributivamente; lo que significa que los planos o estrategias de determinadas subclases de sujetos operatorios no tienen por qué ser las mismas que las de otra subclase; por supuesto, estas estrategias podrían permanecer ocultas o desconocidas mutuamente. Esta es la situación en la que se mueven los juegos de referencia, si los juegos son sólo juegos entre sujetos («los átomos, moléculas y estrellas pueden coagularse, chocar y explotar, pero no luchan entre sí ni cooperan», dice Oskar Morgenstern). Que los juegos tengan siempre lugar entre sujetos no implica que estos sujetos sean homogéneos, transparentes en todo momento los unos a los otros, iguales desde el principio (la igualdad es sólo un resultado, el resultado de un proceso de reciprocización, que permite, por ejemplo, al que ha perdido, aprender del triunfador y ganar en otra ocasión).

Concluimos: los desarrollos de las metodologías α y ß operatorias, en tanto se entrecruzan constantemente entre sí, y se desbordan mutuamente, permiten definir a las ciencias humanas, globalmente, como ciencias que constan de un doble plano operatorio –α, ß– a diferencia de las ciencias naturales y formales, que se moverían sólo en un plano asimilable al plano α. Los procesos que tienen lugar en este doble plano operatorio culminan, en sus límites, en estados tales en los que las ciencias humanas o dejan de ser humanas, resolviéndose como ciencias naturales o formales (α_1) o dejan de ser ciencias resolviéndose en praxis o tecnología ($ß_2$). Pero a estas situaciones límite no se llega siempre en todo momento. En todo caso, estas situaciones tampoco son estables. Más bien diríamos que las ciencias humanas se mantienen en una oscilación constante, y no casual, en ciertos estados de equilibrio inestable, en los cuales, como les ocurría a los Dióscuros, alguno tiene que apagarse para que la luz de otro se encienda. En el cuadro adjunto,. tratamos de representar sinópticamente el conjunto de estas situaciones y de sus principales relaciones.

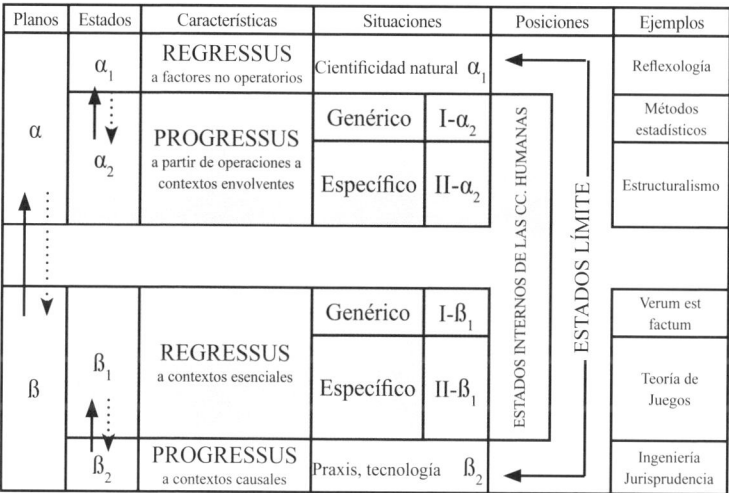

Planos	Estados	Características	Situaciones		Posiciones	Ejemplos
α	α_1	REGRESSUS a factores no operatorios	Cientificidad natural α_1		ESTADOS INTERNOS DE LAS CC. HUMANAS / ESTADOS LÍMITE	Reflexología
	α_2	PROGRESSUS a partir de operaciones a contextos envolventes	Genérico	I-α_2		Métodos estadísticos
			Específico	II-α_2		Estructuralismo
$ß$	$ß_1$	REGRESSUS a contextos esenciales	Genérico	I-$ß_1$		Verum est factum
			Específico	II-$ß_1$		Teoría de Juegos
	$ß_2$	PROGRESSUS a contextos causales	Praxis, tecnología $ß_2$			Ingeniería Jurisprudencia

Tabla representativa de los «estados de equilibrio» por medio de los cuales pueden ser caracterizadas las «ciencias humanas y etológicas». Las flechas llenas del sector izquierdo de la tabla representan fases distintas del regressus; las flechas punteadas de este mismo sector representan fases o etapas distintas en el progressus (explicación en el texto).

El origen y el desenvolvimiento de las ciencias positivas desde la teoría del cierre categorial

1. Una concepción filosófica (gnoseológica) de la ciencia digna de este nombre ha de ofrecer criterios generales sobre el modo de tratar las cuestiones del origen y el desenvolvimiento de las ciencias positivas, que son las cuestiones consideradas por las disciplinas, cada vez más consolidadas, que conocemos como Historia de la Ciencia y como Sociología de la Ciencia, principalmente. También cabría establecer la recíproca: los diversos tratamientos y métodos de que son susceptibles la Historia y la Sociología de la Ciencia, así como muchos conceptos y distinciones que estas disciplinas necesitan utilizar (pongamos por caso: la distinción entre Historia interna e Historia externa de una ciencia, o bien la distinción entre Historia generalista e Historia particularizada) tienen que ver con diferentes concepciones de la ciencia. Podría decirse que los criterios que se adopten para delimitar, por ejemplo, qué va a entenderse por Historia externa y por Historia interna de la Física o de las Matemáticas, no son, salvo en la apariencia de casos extremos, meras decisiones «técnicas», filosóficamente neutras, sino que contienen implícita o ejercitativamente, una determinada filosofía de la ciencia. Determinar si Einstein leyó un texto de Mach en una edición de 1883 o en una reimpresión de 1897 puede ser una cuestión externa (irrelevante) para la historia de la teoría de la relatividad, pero no es una cuestión externa que Einstein leyese efectivamente ese texto. Que Poincaré descubriera la clave de las teoría de las funciones fuchsianas al bajar de un ómnibus puede ser una anécdota perteneciente a la Historia externa de la Matemática, pero entonces, ¿qué condiciones se necesitarán para que las circunstancias a través de las cuales, de hecho, se ha construido una parte importante de un campo científico, puedan ser consideradas internas? Newton vio (supongamos auténtica la anécdota falsa) una manzana cayendo del árbol, y la asociación de la manzana con la Luna habría desencadenado en él el primer esbozo de su teoría de la gravitación: ¿por qué sería externa o por qué sería

interna esta anécdota para la Historia de la Física? ¿Pertenece a la Historia externa de la Geometría analítica el hecho de haber llegado a las manos de Descartes una traducción de los escritos de Papus? ¿Acaso hubiera Descartes desarrollado su Geometría si no hubiese leído a Papus? La circunstancia de que Priestley hubiera vivido cerca de una fábrica de cervezas, ¿corresponde a una Historia externa o a una Historia interna de la química del oxígeno? La invención de relojes mecánicos destinados a dar las horas de oración en los monasterios benedictinos medievales hizo posible la medición del tiempo en una forma imprescindible para el desarrollo de la Mecánica. ¿Corresponde el análisis de tal invención y de sus perfeccionamientos a la Historia interna de la Mecánica o sólo a su Historia externa? ¿Qué criterios hemos de utilizar para considerar internas o externas a la Historia de la Ciencia, a circunstancias que, en todo caso, se estiman necesarias para el desarrollo de la misma?

2. La idea central que queremos llevar al ánimo del lector es ésta: que la inclinación por un criterio, más bien que por otro, no es enteramente independiente de la concepción de la ciencia que se mantenga, y que es mera ingenuidad pretender (considerándose exento de cualquier compromiso gnoseológico) establecer una «línea divisoria objetiva» entre una Historia externa y una Historia interna de la ciencia o entre una Historia generalista y una Historia particularista. Recíprocamente, la concepción de la ciencia que se mantenga propiciará la inclinación a preferir determinados criterios, frente a otros; lo que demuestra de paso que no cabe disociar la Teoría de la ciencia de las cuestiones relativas a su Historia o Sociología, es decir, de las cuestiones que giran en torno al «origen y desenvolvimiento» de las ciencias.

Ateniéndonos a las cuatro grandes familias de teorías gnoseológicas de la ciencia que venimos distinguiendo, podremos constatar que, en efecto, las posiciones del descripcionismo ante la cuestión de qué sea lo interno o externo en Historia o en Sociología de la ciencia no son las mismas que las posiciones del teoreticismo; ni las del teoreticismo tendrían por qué ser similares a las del adecuacionismo o a las del materialismo gnoseológico. Simplificando al máximo, diremos que el descripcionismo y el adecuacionismo tenderán a ocupar, ante cuestiones de esta índole, posiciones relativamente vecinas y menos alejadas entre sí de lo que ambas lo están respecto de las posiciones correspondientes del teoreticismo o del constructivismo materialista.

3. En efecto: al otorgar un peso máximo (=1) a la materia de la ciencia, tanto el descripcionismo como el adecuacionismo (por lo que tienen de reconocimiento de la materia) se sitúan en disposición de interpretar como externo a la ciencia constituida a todo cuanto tenga que ver con las formas. Formas que, además, serían vistas como estructuras o superestructuras aportadas, en todo caso, por los sujetos, individualmente o grupalmente considerados. Tanto el adecuacionismo como el descripcionismo (aunque cada uno a su modo) propiciarán una distinción entre la ciencia, en sí misma considerada (en su materia, en sus sistema, en el fundamento de sus verdades) y el proceso de llegar a esas verdades, es decir, el proceso de su historia (entendida como historia del descubrimiento de la verdad y no como historia de la verdad). Sin duda, el descripcionismo podrá admitir, en algún sentido, la distinción entre una Historia externa de la ciencia –que comprende todo cuanto se relaciona con la historia de los sujetos o de las comunidades científicas– y una Historia interna. Bastaría admitir que existe un orden objetivo en los des-cubrimientos, un orden geométrico al cual habría de plegarse el orden histórico (el descubrimiento del teorema de Pitágoras sería anterior al descubrimiento de la geometría analítica).

Pero tanto el descripcionismo como el adecuacionismo tenderían constantemente a disociar, del modo más nítido que les sea posible, la verdad y la historia del descubrimiento (o del encubrimiento) de la verdad, la estructura y la génesis, el sistema y la historia, o –para decirlo con Reichenbach– los contextos de justificación y los contextos de descubrimiento científicos. En las situaciones extremas será la misma distinción entre Historia externa e Historia interna de la ciencia aquello que se manifestará como distinción superficial y capciosa, puesto que (se concluirá) cualquier historia habría de ser declarada externa al sistema científico (la expresión «Historia interna» llegará a verse como una expresión contradictoria, y la expresión «Historia externa» como una expresión redundante). La Historia de la ciencia (o la Sociología de la ciencia), siempre externa al sistema, no podría formar parte de la teoría gnoseológica de la ciencia. «La ciencia no tiene patria, aunque el científico (*le savant*) la tenga», decía Pasteur. De donde la necesidad de mantener a la Historia de la ciencia (o a la Sociología, o a la Psicología de la ciencia) fuera de la teoría de la ciencia, de la misma manera que la exposición sistemática de una ciencia ajustada a su orden propio (a su *ordo doctrinae* o, si se prefiere, a su «contexto de justificación»), deberá quedar, en todo caso, segregada del *ordo inventionis*, de los «contextos de descubrimiento». A lo sumo, algún contenido de estos contextos podrá ser mencionado a pie de página.

De hecho, teóricos de la ciencia de orientación descripcionista tan ilustres como Carnap o Hanson manifiestan su alejamiento por todo cuanto tenga que ver con la Historia o con la Sociología de la ciencia. Otro tanto podría decirse de los adecuacionistas. Si se supone que los *Principia* de Newton ofrecen el «sistema verdadero del mundo astronómico real» y, por tanto, que la norma de tales principios está impuesta por la realidad astronómica misma (como si los *Principia* hubieran venido del cielo, revelados por el propio Dios al genio de Newton) entonces la historia de los *Principia* tendrá que aparecer como externa y accidental a un sistema que se ofrece como organizado autónomamente en función de su propio campo. Sólo desde el supuesto de esa autonomía es explicable el impacto que causó la comunicación de Boris Hessen al Congreso Internacional de Historia de la Ciencia y de la Tecnología celebrado en Londres en 1931, en la que planteó la necesidad de explorar las «raíces sociales y económicas» de los *Principia* de Newton. Hessen hizo caer en la cuenta a quienes veían los *Principia* de Newton como una estructura sistemática intemporal y autónoma, que esta obra fundacional reflejaba el «estado del mundo» en ebullición propio del capitalismo moderno.

4. El teoreticismo (y, en parte, el adecuacionismo, en cuanto representa un reconocimiento expreso de la función de la forma) podría incorporar un volumen de elementos históricos o sociológicos que se dan en los contextos de descubrimiento mucho mayor del que puede incorporar el descripcionismo. Se comprende que al entender a las teorías científicas como «organismos» cuya estructura se moldea con independencia de la «realidad», la distinción entre «contextos de descubrimiento» y «contextos de justificación» tendrá que ser replanteada. Propiamente no cabría hablar ahora de «justificación», al menos en un sentido positivo (se hablará de no-falsación y, a lo sumo, de coherencia); ni tampoco cabría hablar de «contextos de descubrimiento», porque el desarrollo de las ciencias habrá que interpretarlo más a la luz de la idea de «invención», incluso de creación poética o musical, que a la luz de la idea de descubrimiento. Las teorías científicas podrán transformarse las unas en las otras, o dejar paso a teorías o a paradigmas de nueva creación, sin apenas conexión

con los anteriores. Por tanto, la sucesión de teorías o de paradigmas, dentro de una misma ciencia, agradecerá, cuando se la considera desde las coordenadas del teoreticismo, antes un tratamiento histórico o sociológico que un tratamiento lógico-sistemático, tan sólo posible en algunos intervalos de la construcción.

La obra de Kuhn y de sus continuadores demuestra la viabilidad de los caminos que el teoreticismo abrió a la Historia y a la Sociología de las ciencias. No se tratará ahora de poner notas históricas, psicológicas o sociológicas «a pie de página», porque la Historia o la Sociología de la ciencia pueden comenzar a cobrar un sentido genuinamente «interno». Ahora bien, es evidente que este cambio de perspectiva gnoseológica ante la Historia y la Sociología de las ciencias sólo consigue su fertilidad a condición de renunciar a las cuestiones de «justificación gnoseológica» de las ciencias. En alguna medida podría afirmarse que la incorporación masiva a las teorías gnoseológicas de la ciencia de materiales históricos y sociológicos se consigue a costa de reducir las ciencias mismas a sus contextos de descubrimiento (entendidos, es verdad, como «contextos de creación»). Es decir, a costa de reducir las ciencias a la condición de «formaciones culturales», desconectadas de la verdad (En esta reducción reside precisamente su valor crítico.). Por otra parte, la reconstrucción histórica y sociológica de una ciencia, desde las coordenadas del teoreticismo, según sus diferentes variedades, puede conseguir dar significado gnoseológico a muchos procesos y contenidos que el descripcionismo o el adecuacionismo no son capaces de percibir. Pero la línea de frontera a partir de la cual puede determinarse en qué momento la reconstrucción histórica o sociológica comienza a tener significado gnoseológico, permanece borrosa, o simplemente es inexistente. En realidad, la teoría de la ciencia se convierte en historia de la ciencia o en sociología de la ciencia.

5. La teoría del cierre categorial no permanece muda ante los materiales históricos, sociológicos o psicológicos que tienen que ver con el proceso de construcción de las ciencias. Por el contrario, tiene mucho que decir en relación con todos estos materiales y con los diferentes modos alternativos de organizarlos con pretensiones gnoseológicas.

Ante todo, la concepción materialista de la ciencia permite llevar a cabo la necesaria re-fundición de las más importantes alternativas (o disyuntivas) en las cuales podemos considerar prisionero al pensamiento gnoseológico habitual. Me refiero (sin olvidar la alternativa de la que ya hemos hablado: Historia interna/Historia externa) a opciones tales como la tantas veces mencionada de Reichenbach, a saber, la alternativa entre los «contextos de descubrimiento» y los «contextos de justificación». Hay varias alternativas muy próximas a la que Reichenbach estableció: origen o validez de las teorías, génesis y estructura, historia y sistema, o incluso la oposición tradicional escolástica entre un *ordo inventionis* y un *ordo doctrinae*. Estas diversas oposiciones, que se solapan unas a otras, aunque no puedan considerarse ni mucho menos como equivalentes, distorsionan gravemente el análisis de las relaciones efectivas entre el proceso y la estructura de las ciencias positivas, tal como se exponen en la teoría del cierre categorial.

Desde la perspectiva del materialismo gnoseológico, en efecto, la distinción entre contextos de descubrimiento y contextos de justificación, tal como suele ser utilizada (por ejemplo, cuando se sobrentiende que el análisis de las teorías científicas en contextos de descubrimiento ha de preceder «obviamente» al análisis de estas mismas teorías en contextos de justificación) es una distinción, por lo menos, ambigua. Pues es evidente que un contexto de descubrimiento puede entenderse tanto desde coordenadas estrictamente psicológicas (extragnoseológicas y externas, en general, a todo contexto de justificación, como cuando se menciona el culebrón que Kekulé vio en su chimenea prefigurando sus anillos bencénicos), pero también desde coordenadas gnoseológicas. En este caso, ya no es tan fácil disociar el contexto de descubrimiento de los contextos de justificación. ¿Cómo podemos hablar de descubrimiento y, por tanto, de contextos de descubrimiento, al margen de su justificación?

Tenemos que reconocer que sólo si el descubrimiento ha sido ya justificado podrá propiamente llamarse descubrimiento. Este reconocimiento nos obligará a invertir el orden «natural» («primero el descubrimiento de la verdad, después su justificación») y, por tanto, a admitir que el descubrimiento sólo tiene un sentido retrospectivo respecto de su justificación, y que solamente desde ella puede alcanzar su significado gnoseológico. Hace un siglo se habló mucho del «descubrimiento» de los canales de Marte: las observaciones que Schiaparelli llevó a cabo durante los años 1882 y 1888 le llevaron a anunciar la existencia en el planeta Marte de unos canales rectilíneos, algunos de los cuales se desdoblaban en riguroso paralelismo. El «descubrimiento» se interpretó, desde luego, como prueba evidente de que seres inteligentes, habitantes de Marte, habían abierto una red de canales con el fin de encauzar las aguas de supuestos lagos y corrientes del planeta rojo que también habrían sido descubiertos. Pero, ¿podremos hoy mantener tal denominación, podremos seguir hablando hoy de los descubrimientos de Schiaparelli? Hoy sabemos que los referidos canales eran sólo ilusiones ópticas, «artefactos», y que los ríos y lagos marcianos eran también «inventos». ¿Cómo hablar, por tanto, de descubrimientos, salvo poner entre comillas el término? Sólo en el caso de que ulteriormente hubieran sido confirmados («justificados») los mapas de Schiaparelli cabría llamar «descubrimientos» a sus «observaciones interpretadas». Como la condición no se ha dado, hablamos hoy de las «ilusiones» o de los «artefactos» de Schiaparelli, pero no de sus descubrimientos. Tampoco una predicción o un propósito pueden llamarse verdaderos antes de que sean satisfechos. La atribución de la verdad a la predicción o al propósito, en el momento de ser formulados, carece de sentido. Sólo puede alcanzarlo retrospectivamente, precisamente cuando la proposición ya no es predicción o propósito: «Mañana iré al Odeón» no puede considerarse hoy como una verdad; y si el propósito se realiza, desaparecería el hoy que habría de soportar la verdad retrospectiva.

No es posible hacer una Historia gnoseológica de la ciencia más que desde la ciencia ya constituida (o justificada). Para las construcciones científicas, en particular, las «justificaciones» de un mismo teorema llevadas a cabo desde plataformas cada vez más complejas, se superponen las unas a las otras. Por ello, la Historia de una ciencia habrá de hacerse desde la perspectiva que esa ciencia haya alcanzado en sus penúltimos o en sus últimos estadios de desarrollo. No constituye un anacronismo hacer la historia de los *Elementos* de Euclides desde la perspectiva de las geometrías no euclidianas, o, lo que es lo mismo (para quien insista en considerar tal perspectiva como anacrónica), sólo anacrónicamente es posible escribir la Historia de la ciencia.

Será externo, por tanto, en la Historia de una ciencia, todo aquello que forme parte de otras categorías, más que de la propia categoría considerada. Esto es tanto como decir que la Historia gnoseológica de la ciencia es, en primera instancia, Historia particular (no generalista). No negamos con esto un sentido a una Historia general de la ciencia; tan sólo se lo atribuimos en segunda instancia. En general, consideraremos *externo* todo contenido de la historia (o de la psicología, o de la sociología) de las ciencias que no pueda ser incorporado al cierre categorial de la ciencia de referencia. Este criterio es muy útil para dirimir cuestiones de frontera con las cuales la Historia de las ciencias no tiene más remedio que enfrentarse constantemente. ¿Donde comienza la historia de la Química? ¿Acaso los alquimistas no colaboraron ya ampliamente en la organización de su campo? ¿No habría que incluirlos, por tanto, en la historia interna de la Química? Y antes aún, los metalúrgicos de la edad de los metales, ¿no deben también mencionarse como episodios internos de la historia de la Química? Así lo hacen algunos, como John D. Bernal, y con razón, hasta no disponer de algún criterio restrictivo adecuado.

He aquí el criterio que se deriva de la teoría del cierre categorial: no será posible hablar de «ciencia química» hasta que su campo no haya sido organizado a la misma «escala» de los términos, relaciones y operaciones que condujeron a sus primeros procesos de cierre. Los metalúrgicos del bronce, o los alquimistas, trabajaron en «campos reales», pero que formalmente (gnoseológicamente) no estaban «organizados químicamente». ¿Y como podrían estarlo antes de que los elementos químicos, algunos al menos, hubieran sido identificados? Esto no ocurre hasta el siglo XVIII y principios del XIX: el oxígeno, el hidrógeno, el nitrógeno, el silicio, el circonio, el sodio... no fueron «recortados» antes de Priestley, de Lavoisier, de Berzelius o de Davy. Todo lo que precede no podría, por tanto, considerarse como contenido de la Historia interna de la Química. A lo sumo, podrán considerarse como contenidos de su prehistoria. La Historia de las técnicas que preceden a la constitución de una ciencia tampoco podrá, según el mismo criterio, confundirse con una Historia interna de esa misma ciencia. Otra cosa habrá que decir de las tecnologías que, surgidas en el seno de un cuerpo científico «en marcha», han hecho posible la constitución de nuevos *contextos determinados*. Por ejemplo, los tubos de vacío, que implican el control tecnológico de la energía eléctrica, pertenecen a la Historia interna de la Física nuclear, pues es por su mediación como pudieron ser «manipulados» los rayos X y los primeros fenómenos radiactivos.

Muy confusa es también la opción, tantas veces propuesta, entre *Historia y Sistema*, o entre *orden histórico* y *orden sistemático*, cuando se sobreentiende que el orden histórico permanece fuera del orden sistemático (lo que llevará a entender, a su vez, a la Historia de la ciencia como externa a una ciencia identificada con el sistema). Pero «orden histórico» es un concepto muy ambiguo que no cabe aclarar hasta que no se determine la escala de los términos ordenados. Sin duda, a una cierta escala (anual, biográfica, por ejemplo) la ordenación histórica de los acontecimientos puede ser externa al cuerpo de una ciencia. Sin embargo, cuando pasamos a utilizar una escala secular, la ordenación histórica podrá alcanzar un significado interno (es imposible que el modelo del átomo de Bohr hubiera sido formulado en el siglo XVIII, ni siquiera en el siglo XIX). Una ordenación de las diversas capas del cuerpo de una ciencia que atienda a las funciones imprescindibles que algunas de esas capas hayan podido desempeñar para que, sobre ellas, puedan haberse constituido otras capas del mismo cuerpo (y ello aun cuando, una vez consolidadas y adquiridos nuevos apoyos, las nuevas capas puedan prescindir de aquellas que le sirvieron de base) podría ser denominada «ordenación arquitectónica» de las capas científicas. Ahora bien, ¿cómo disponer el orden histórico en contra del orden arquitectónico? Luego el orden histórico, en cuanto intersecta con un orden arquitectónico, es interno a la ciencia. Y, sin embargo, no por ser interno a la ciencia, el orden histórico-arquitectónico ha de identificarse con el orden sistemático, en general, puesto que son posibles diversos modos de «sistematización doctrinal». Algunos de estos modos sistemáticos, incluso los más rigurosos (no los meramente didácticos), los modos axiomáticos, por ejemplo, no siempre son superponibles al orden arquitectónico; a veces, incluso los subvierten. Hay un orden arquitectónico en el desarrollo de la Física atómica en virtud del cual los *fenómenos* espectroscópicos (rayas coloreadas del sodio, hidrógeno…) han de organizarse, en primer lugar, para que, sobre ellas, pueda constituirse la capa *estructural* (o *esencial*) que corresponde a la ciencia de los orbitales electrónicos; desde esta capa estructural, ¿cabrá *segregar* a los colores espectroscópicos iniciales como meros contenidos psicológicos, *exteriores* a la Física atómica, por decisivos que ellos hubieran sido en el «contexto de descubrimiento»? No, porque estos colores espectroscópicos siguen reclamando un lugar interno en el cuerpo de la Física atómica, a título de fenómenos. Otro ejemplo: hay un orden arquitectónico evidente entre el teorema de Pitágoras, construido sobre un triángulo rectángulo isósceles, y el teorema extendido a los triángulos rectángulos escalenos; hay también un orden arquitectónico, aun más necesario, entre el teorema pitagórico generalizado a los triángulos rectángulos ($a^2=b^2+c^2$) y su extensión (transyección) a triángulos no rectángulos, mediante el teorema

$a^2=b^2+c^2-2ab \cos \beta$ (que contiene a los triángulos rectángulos como una modulación específica suya, para el caso de $\beta=90°$). No podrá decirse, en este caso, que el teorema generalizado haya podido *segregar* al teorema clásico, que sigue sirviendo de soporte arquitectónico. Sin perjuicio de lo cual, y en virtud de una dialéctica característica, el orden sistemático, entendido ahora como ordenación de lo más general a lo menos general, se mantiene también intacto, aunque sea un orden absurdo desde un punto de vista histórico. No es menos problemática la situación que, en la Historia de la mecánica, se suscita a propósito de las leyes de Kepler, en sus relaciones con las leyes de Newton. Según el orden histórico es evidente que las leyes de Kepler antecedieron a los *Principia* de Newton. Pero este orden histórico, ¿tiene también un significado arquitectónico (no meramente axiomático formal)? Es frecuente presentar a los *Principia* de Newton como una sistematización de orden superior tal que, desde ella, las leyes de Kepler se deducen como corolarios suyos. Pero esta sistematización, ¿no es meramente abstracta-formal?, ¿logra segregar el orden histórico, o bien esto es imposible, puesto que en este orden histórico está actuando un componente arquitectónico (sólo a partir de las leyes de Kepler pueden ser probadas las leyes de Newton)? Los mismos problemas se reproducen cuando los *Principia* de Newton son reexpuestos en sistematizaciones más potentes reorganizadas en torno al «principio de Hamilton». ¿Cabe «arrojar» a la Historia externa de la Dinámica, como episodios segregables de su sistema cerrado, no sólo a la obra de Kepler sino también a la de Newton?

Sean suficientes estas menciones para sugerir hasta qué punto la teoría del cierre categorial propicia la posibilidad de tratar el desarrollo de los cuerpos científicos de suerte que en ellos puedan reconocerse ordenes históricos internos, arquitectónicos, sin perjuicio de la posibilidad de organizar esos cuerpos según otras diferentes líneas sistemáticas. En ningún caso, sin embargo, el desarrollo histórico de un cuerpo científico, aunque sea interno, tiene por qué entenderse como un desarrollo lineal y uniforme. Tampoco hay razones para mantener la perspectiva de una historia aleatoria e irregular. El desenvolvimiento histórico de un cuerpo científico categorial, a partir de un estadio determinado, se ajusta a un orden y a un ritmo que no dependen exclusivamente de sus estadios precedentes, pero que tampoco tendrá por qué entenderse como una sucesión de fases meramente empíricas, o determinadas por circunstancias sociales (los consensos de los paradigmas). Por de pronto habrá que atenerse al orden arquitectónico. Ahora bien, los «puntos de cristalización» pueden aparecer en lugares diferentes del campo categorial, y los estímulos para esta cristalización no siempre son internos al cuerpo que consideramos en proceso de desenvolvimiento. Intereses tecnológicos o militares, intereses grupales o personales, determinados, a su vez, en un contexto social y cultural poblado por «nebulosas ideológicas» (pongamos por caso, la «nebulosa creacionista» judeo cristiano, respecto de la Física moderna), explican la variedad de lugares del campo en los que pueden determinarse esos «puntos de cristalización». En torno a esos puntos las ciencias pueden crecer en el seno mismo de esas nebulosas ideológicas que los envuelven, sin necesidad de un previo «corte epistemológico» con ellas.

¿Se dirá entonces que la historia de una ciencia está determinada desde su entorno social o cultural y que sus líneas de desenvolvimiento sólo son un reflejo de ese entorno social y cultural (lo que autorizaría a hablar, con sentido gnoseológico, por ejemplo, tanto de «ciencia alemana» como de «ciencia romántica» o de «ciencia barroca»)? El materialismo gnoseológico ofrece algunos criterios para enjuiciar tan difíciles preguntas. Ante todo, y puesto que él no presupone (como el adecuacionismo o el descripcionismo) un orden objetivo previamente dado a la ciencia misma, no tendrá tampoco por qué considerar el orden histórico efectivo como si fuera, por serlo, aleatorio. Por de pronto el orden histórico es un orden tal real y tan «legítimo» como cualquier otro; ni siquiera cabrá calificar a sus ritmos como atrasos o como adelantos (salvo que tomemos términos de referencia más o menos arbitrarios). Tampoco será necesario conceptuar el desarrollo histórico de un cuerpo científico como un mero resultado del azar de la acción de estímulos exteriores al propio cuerpo. Los cuerpos de las ciencias hay que suponerlos organizados a partir de ciertas estructuras capaces de «filtrar» los estímulos del entorno. Por ello, estos estímulos no podrán considerarse siempre como enteramente externos, desde el momento en que suponemos que han de ser asimilados y coordenados desde el interior del cuerpo científico. Por otro lado, los cuerpos científicos desarrollarán mecanismos capaces de entretejerse con otros sistemas procedentes de otros puntos de cristalización (a su vez determinados por estímulos del entorno). Y así como carece de sentido hablar, por ejemplo, de «ciencia maya» o de «ciencia egipcio-faraónica», puede tener sentido reconocer que un cuerpo científico dado haya sido determinado por un entorno social y cultural preciso (la «matemática barroca»), sin perjuicio de que ese cuerpo científico pueda universalizarse, no tanto por segregación o desbordamiento de ese entorno (como si se hubiera encontrado una puerta que daría el acceso a un mundo transfísico) sino por universalización (por imposición a los demás) del entorno mismo.

Desde el materialismo gnoseológico alcanza también un significado peculiar la situación que, en el presente, corresponde desempeñar a algunos cuerpos científicos. Mientras que en la Antigüedad o en la Edad Media las ciencias positivas (salvo la Geometría y parte de la Astronomía geométrica) representaban muy poco en el conjunto de la estructura social y cultural, en la Época moderna el desarrollo de las ciencias (al menos de algunas) ha tenido lugar en su confluencia con la revolución industrial y demográfica. Las relaciones de las ciencias positivas con su entorno han cambiado en puntos decisivos. Ha aparecido la «gran ciencia», grande por el volumen de sus recursos, de sus servidores, de sus instalaciones y, por tanto, de su dependencia de su entorno económico, social y político. Los cuerpos de las ciencias y, en particular, la investigación científica, se nos muestran ahora entretejidos con las raíces mismas del desarrollo tecnológico y social (concepto de I+D); el *sabio* tradicional se transformará en *hombre de ciencia*, es decir, en miembro de un equipo de investigación. Las interacciones entre las diferentes ciencias experimentarán un fuerte incremento («investigaciones interdisciplinares»).

Pero la novedad de esta situación (a partir, sobre todo, de la segunda mitad del siglo que termina) no autoriza a considerar abolidas o borradas las categorías, figuras e interacciones que reconocemos como características de los cuerpos científicos. La interdisciplinariedad no borra las distancias categoriales ni lleva al proceso de reabsorción de algunas ciencias en el seno de otras. Simplemente ocurre que los «hombres de ciencia» han de desplegar conductas más versátiles en lo concerniente a sus adaptaciones (parciales siempre) a los procedimientos característicos de otras disciplinas. La interacción entre comunidades científicas asignables a diversas categorías, aunque aumenta la masa inercial de los cuerpos de las ciencias interactuantes y, en consecuencia, el grado de su *autonomía* respecto de los respectivos entornos exteriores, sin embargo no por ello conduce a la situación de una «ciencia global» liberada de cualquier presión exógena significativa (política, cultural, sociológica) y entregada a su propio ritmo.

Ciencia y Filosofía

1. El «problema de las relaciones entre ciencia y filosofía» no lo plantearemos aquí como un problema de relaciones entre dos géneros de saber previamente presupuestos, cada uno definido en sus campos propios, sin perjuicio de sus interrelaciones. El problema de las relaciones entre ciencia y filosofía lo entenderemos, ante todo, como una *ampliación* (por *regressus*) del problema de las relaciones que cada ciencia positiva mantiene con las otras ciencias, así como con la realidad que envuelve a todas ellas, limitando sus respectivos «radios de acción». Desde este punto de vista podemos afirmar que el interés por la filosofía, desde la Teoría de la ciencia, no es tanto un interés suscitado como un «complemento exterior», sino el interés suscitado desde el interior mismo de las ciencias, en tanto se limitan las unas a las otras, y son limitadas por la realidad, y en tanto que el análisis de tales limitaciones quiere llevarse a efecto por métodos racionales, aunque no sean científicos.

Por lo demás, carece de sentido hablar, en abstracto, de las «relaciones entre ciencia y filosofía», porque estas relaciones serán entendidas de diferente modo según lo que se entienda por ciencia (concretamente, para mantenernos en el horizonte del presente opúsculo, según la teoría de la ciencia escogida) y según lo que se entienda por filosofía. Ahora bien: en la medida en que consideremos filosóficas a las distintas teorías gnoseológicas de la ciencia a las que nos venimos refiriendo (la concepción descripcionista, la concepción teoreticista, la concepción adecuacionista y la concepción materialista) podremos concluir que la cuestión de las relaciones entre la ciencia y la filosofía forma parte, en rigor, de la cuestión de las relaciones entre la filosofía (gnoseológica) de la ciencia y la filosofía en general (incluyendo en esta rúbrica, más precisamente, a la filosofía en cuanto concepción del mundo, en cuanto Ontología, y a la peri-filosofía o meta-filosofía).

El enunciado titular de este parágrafo («ciencia y filosofía») lo entenderemos, por consiguiente, como una abreviatura de este otro enunciado: «relaciones entre la ciencia (tal como es concebida desde los diferentes tipos fundamentales de teorías gnoseológicas) y la filosofía en general (en cuanto incluye, más precisamente, la exposición de una concepción del mundo –de una Ontología– y de una metafilosofía)».

Una vez aceptada esta reformulación del enunciado titular podemos intentar el análisis de las implicaciones que hemos de suponer que mantiene, al menos preferencialmente, cada una de las concepciones gnoseológicas de la ciencia consideradas (en tanto ella es, por sí misma, una filosofía de la ciencia) con concepciones filosóficas más generales (ontológicas y metafilosóficas). De este modo evitaremos, al menos en un primer análisis, entrar en el camino que habría de llevarnos a plantear la cuestión de los diversos modos de entender la filosofía como condición previa para establecer los tipos de relaciones posibles entre ciencia y filosofía.

Es cierto que no tenemos por qué suponer que el *regressus* desde una determinada filosofía de la ciencia (tomada como referencia) hasta la filosofía en general, deba ser unívoco. Detrás de una determinada concepción gnoseológica de la ciencia podremos, sin duda, encontrar concepciones filosóficas generales muy diversas (ontologías muy diversas y concepciones de la propia filosofía también muy diferentes): detrás del adecuacionismo puede estar alentando una ontología naturalista, pero también una teología creacionista. A pesar de todo, mantendremos la suposición según la cual la filosofía de la ciencia implica, preferencialmente al menos, un cierto tipo de filosofía (de ontología y de metafilosofía). Por ejemplo, el adecuacionismo implicaría preferencialmente, por motivos de coherencia lógica (aunque también por razones más complejas), una ontología teológica creacionista (antes que una ontología materialista) así como la concepción de la filosofía como «reina de las ciencias».

En cualquier caso, daremos también por supuesto que la filosofía gnoseológica de la ciencia que cada cual «elige» no depende sólo de la visión que, a partir de su propia experiencia personal, tenga de una ciencia determinada o de varias, sino también de las concepciones filosóficas generales (ontológicas y también perifilosóficas) por las que esté envuelto.

2. Situémonos, ante todo, en la perspectiva de un científico que «dedica íntegramente su vida» a la investigación de su propia disciplina, pero que, lejos de encerrarse en ella, se asoma, en las horas de ocio, a otros campos, y aun recorre trechos más o menos largos de sus caminos. Supuestas dadas ciertas condiciones (relativas sobre todo a la satisfacción y entusiasmo de este científico ante la riqueza de las materias que las diversas ciencias ofrecen a su «apetito cognoscitivo») entenderemos muy bien por qué la «visión» que un científico semejante podrá llegar a alcanzar sobre el conjunto de las ciencias se ajustaría a los siguientes rasgos: por de pronto, la visión de la inmensidad de la «ciencia global». Decidido a internarse en los campos de las más diferentes ciencias positivas, nuestro científico verá abrirse ante si un inmenso espacio enciclopédico, de cuya inmanencia no podrá jamás salir, por mucho que adelante en todas las direcciones. Ni siquiera le «quedaría tiempo» para mirar «fuera» de esa enciclopedia, a fin de «recibir el mundo» en su totalidad. ¿Cómo podría distinguir siquiera entre el saber riguroso sobre las cosas del mundo que la Enciclopedia le proporciona con esas mismas cosas que se muestran a través de su saber científico, y no de otro (puesto que supone que el saber científico es el único tipo posible de saber)? Tratamos de mostrar cómo la visión positivista (descripcionista) de la ciencia está propiciada por el trato «desde dentro» con algunas ciencias, a las que se habrá tomado, además, como modelos exclusivos de cualquier conocimiento. Brevemente: la visión positivista radical de las ciencias, el descripcionismo cientificista, puede conducir, en el límite, a una superposición de los espacios abiertos por las ciencias con la realidad misma del mundo cognoscible. Si nuestro saber es, en un sentido riguroso, el saber que nos deparan las ciencias positivas, ¿cómo podremos pensar siquiera en la posibilidad de saber algo sobre el mundo valiéndonos de otros supuestos métodos –filosóficos, por ejemplo, o teológicos– que no produzcan saberes científicos? Un saber que no sea científico –claro y distinto, en la terminología cartesiana– no es un saber oscuro o confuso; es sencillamente ignorancia o no saber. «La filosofía no enseña nada, y nada puede aprender de nuevo por sí misma, puesto que no experimenta ni observa nada», decía Claude Bernard. Federico Engels, en el umbral de su *Anti-Dühring*[16] rondaba esta misma idea:

---

16 Federico Engels, *Anti-Dühring. La subversión de la ciencia por el señor Eugen Dühring* (1878), versión española de Manuel Sacristán, Editorial Grijalbo, Méjico 1964, pág. 11.

«En los dos casos [del materialismo científico de la época, que ha logrado establecer, con Kant y Laplace, la ley de la evolución de los astros, y con Darwin, la de los organismos] es este materialismo sencillamente dialéctico, y no necesita filosofía alguna que esté por encima de las demás ciencias. Desde el momento en que se presenta a cada ciencia la exigencia de ponerse en claro acerca de su posición en la conexión total de las cosas y del conocimiento de las cosas, se hace precisamente superflua toda ciencia de la conexión total. De toda la anterior filosofía no subsiste al final con independencia más que la doctrina del pensamiento y de sus leyes, la lógica formal y la dialéctica. Todo lo demás queda absorbido por la ciencia positiva de la naturaleza y de la historia.»

Nos encontramos, en resumen, en una situación tal en la que la visión de la ciencia se autopresenta como la única visión racional y universal de la realidad, lo que significará que no cabe conceder ningún lugar a una filosofía que no sea científica. A lo sumo, podrá decirse que la filosofía queda reabsorbida en la enciclopedia de las ciencias o, aplicando al caso el concepto marxista de la «realización de la filosofía en el proletariado», podríamos añadir que la filosofía, que había sido «madre de las ciencias», ha entrado ya en el período de su agonía mediante su «realización en el conocimiento de la enciclopedia de las ciencias positivas». Al mismo tiempo, cuando se concibe el saber científico positivo de modo tan radical, será lógico concluir, no sólo que fuera de ese saber no podemos saber nada, sino que, por ello, ni siquiera podemos afirmar que quedan residuos inaccesibles al método científico: el saber científico tenderá a autoconcebirse como un saber virtualmente omnisciente, total y completo. Por análogos caminos por los cuales Hegel llegó a negar la *cosa en sí* kantiana y a proyectar la elevación panlogista de la conciencia al «saber absoluto», el positivista radical llegará a negar las realidades que no estén contenidas en las ciencias y concebirá a la ciencia de un futuro, acaso muy próximo, como omnisciencia. ¿Acaso el *Genio* de Laplace no desempeñaba, en el terreno de la ciencia mecánica, funciones similares a las que Hegel asignó a la conciencia absoluta, en el terreno del saber filosófico? Una suerte de «fundamentalismo científico» se abre ante nosotros. El científico positivista y radical dirá, en relación al campo de su especialidad, lo que Hilbert decía, en alusión al célebre lema de Emil du Bois-Reymond, y refiriéndose a su propio campo de investigación: «En Geometría no cabe el *Ignorabimus*.» No debe creerse que este «cientificismo fundamentalista» sea tan sólo una floración que hubiera brotado durante el pasado siglo a cuenta de la impresionante ebullición que en la época alcanzaron las ciencias positivas. El fundamentalismo científico nunca ha desaparecido del todo. De hecho resurge en los últimos años del siglo que acaba, pero este resurgimiento sólo podemos entenderlo como efecto del influjo de muy confusas ambiciones metafísicas.

El peculiar género literario que reconocemos en las obras de los físicos que ofrecen su «visión científica del mundo» es cada vez más cultivado; se admite que las diversas ciencias categoriales, particularmente las ciencias físicas o biológicas, puedan y deban ser utilizadas como instrumentos capaces de abordar la totalidad de los problemas filosóficos. Ahora bien: *lo que una ciencia positiva puede ofrecer es una visión científica de su campo categorial, y no una visión científica del mundo*. Sin embargo es frecuente hablar de determinadas teorías físicas como si fueran «teorías del todo» (TOE = Theory of everything). Un autor, por ejemplo, en un libro reciente (E. Laszlo, *Evolución, la gran síntesis*, 1987), se atreve a escribir, apoyándose (dice) en los resultados de las ciencias biológicas, físicas e históricas, lo que sigue: «Durante varios miles de años, nosotros, los sapientes, nos hemos preguntado de donde venimos y adonde vamos. Hoy, pasados unos veinte mil millones de años desde los orígenes del universo, podemos estar a punto de averiguarlo.»

La paradoja del fundamentalismo cientificista consiste en que sus proposiciones no pueden ser encerradas en ciencia alguna. El fundamentalismo constituye una reflexión sobre las ciencias, tanto en sus relaciones mutuas como en las relaciones que ellas pueden mantener con su exterioridad. Pero este tipo de reflexiones desborda el horizonte propio de cualquier ciencia (al físico, en cuanto tal, no le corresponde analizar las relaciones entre las Matemáticas y la Biología; estas relaciones, en todo caso, no pueden ser expresadas en el lenguaje de la Física). Dicho de otro modo: el fundamentalismo implica no sólo una filosofía de la ciencia, sino también una ontología (de tendencia monista, en el modelo al menos de los *Enigmas del Universo* de Haeckel) y una metafilosofía (una doctrina sobre la propia naturaleza de la filosofía). Y, por lo menos esta última, es errónea. Porque no se trata de un mero cambio de denominación (llamar «ciencia», en lugar de «filosofía», a la reflexión sobre las ciencias en su relación con los demás saberes), sino que se trata sobre todo de un intento imposible, a saber, la identificación de la filosofía con la ciencia, tanto da si estos métodos unificados se llaman científicos, como si se les llama filosóficos, es decir, filosófico-científicos. El fundamentalismo cientista no anula, por tanto, a la filosofía, sino que lo que pretende es anular toda distancia entre filosofía y ciencia categorial, llamando a esa supuesta filosofía *realizada* «visión científica de la ciencia y del mundo». Y aquí reside precisamente lo ingenuo y acrítico de su proceder. Ingenuo y acrítico en tanto presupone, no sólo que cada ciencia «tiene la exigencia de poner en claro su posición con la conexión total de las cosas» (para usar las palabras de Engels) sino también que el conjunto de todas las ciencias daría como resultado la visión sintética «científica» del Universo. Como si el conjunto de los resultados de las diversas ciencias dibujase por sí mismo un mapa mundi armónico, como si el *Ignoramus, Ignorabimus!* que Du Bois-Reymond proclamó hace más de un siglo, careciese de todo fundamento. Pero la filosofía no tiene por qué entenderse tampoco como un tipo de saber científico que «va más allá» de los saberes ofrecidos por las ciencias positivas. Ante todo ha de entenderse como una crítica de las propias ciencias o, mejor dicho, como una crítica de las pretensiones que, una y otra vez, determinadas concepciones de la ciencia atribuyen a las ciencias. Crítica que no puede llevarse a cabo sin disponer de una teoría de la ciencia desde la cual pueda llevarse a efecto el tipo de catarsis que en cada momento se haga preciso.

3. Situémonos ahora en la perspectiva del adecuacionismo, en tanto comparte con el cientificismo descripcionista la valoración sustantiva (=1) de la materia como realidad que se impone por sí misma a cualquier con-formación conceptual o ideal. El adecuacionismo, es cierto, no dejará por ello de valorar la función positiva (=1) que conviene también a las formas gnoseológicas, sin perjuicio de que postule algún tipo de isomorfismo entre el «mundo de las formas» y el «mundo de las realidades». Con esto estará reconociendo ya la distancia entre una «realidad» y las diversas maneras de «entenderla científicamente». Por tanto, estará reconociendo que la conjunción de las diversas maneras de entender científicamente la realidad (según las diferentes ciencias), no constituye una manera más de entender científicamente la realidad. Se trata de «una manera global», de una manera que comportará, fundamentalmente, la tarea de coordinar (y coordinar implica ahora

subordinar, jerarquizar) los resultados de las diversas maneras científicas en las cuales (suponemos) la realidad ha sido captada. Podrá seguir considerándose científica esta coordinación, pero, en tal caso, esta nueva ciencia, no será una ciencia más, sino, o bien una ciencia sui generis, una ciencia «que se busca», o bien una «ciencia de las ciencias». Es decir, es una filosofía, en el sentido tradicional.

Ahora bien, la filosofía que puede vincularse al adecuacionismo, reexpone de nuevo, en cierto modo, el ideal de omnisciencia del cientificismo, al menos si admitimos que un adecuacionismo coherente sólo puede mantenerse en el ámbito de una ontología teológica que establezca que el mundo, conocido parcialmente por las ciencias y totalizado por la filosofía, es el mismo mundo armónico que Dios, como organista supremo, ha creado desde su eternidad[17]. La filosofía adecuacionista de las ciencias encuentra su verdadero espacio en el marco de la filosofía onto-teológica, y propicia una meta-filosofía muy precisa, a saber, aquella que, presuponiendo el significado insustituible de las ciencias positivas, reconoce sus límites y señala a la filosofía la función de coordinar y totalizar las diferentes ciencias particulares en una síntesis superior que, si no es propiamente una ciencia más, es por ser el reflejo de todas ellas. Thomas Mann expone admirablemente, en su *Doctor Faustus*, este modo de entender la relación entre la filosofía y las ciencias positivas por gentes formadas en la confluencia de tradiciones católicas y positivistas: «... nos habíamos atenido a la opinión corriente de que la filosofía es la reina de las ciencias. Entre las demás, ella ocupaba, así lo habíamos comprobado, aproximadamente el lugar del órgano en el caso de los instrumentos. Los dominaba, los juntaba espiritualmente, los ordenaba y purificaba los resultados obtenidos en todas las esferas de la investigación, para hacer con

---

17 La interpretación de la *homoiosis* como adecuación isomórfica del entendimiento a la realidad sería así, no sólo posible, sino necesaria, en el ámbito de la escolástica cristiana. Dios es creador del Mundo, y por ello Santo Tomás ya podrá interpretar la *adaequatio* como una analogía (que hoy llamamos isomórfica), porque la verdad intelectual está mensurada por la verdad objetiva del Mundo que, a su vez, está mensurado por el Entendimiento divino; de donde la verdad científica, como *adaequatio intellectus et rei*, puede decirse isomorfa (al menos analógicamente) a la realidad del Mundo natural, en tanto envuelve la adecuación entre el entendimiento humano y el divino. Véase *Teoría del cierre categorial*, pág. 87.

ello una imagen del universo, una síntesis superior y reguladora que contenía el sentido de la vida y determinaba con lucidez la posición del hombre en el cosmos.»

4. Las otras dos «familias» de teorías de la ciencia que tenemos que considerar, el teoreticismo y el materialismo, que convienen críticamente en dejar sin efecto la sustantivación de la *materia* de las ciencias, se alejan también de todo fundamentalismo científico, de todo cuanto tenga que ver con la «filosofía de la omnisciencia», con la idea de que el hombre, mediante su entendimiento (científico y filosófico) «se hace, de algún modo, todas las cosas». Pero el teoreticismo lleva al extremo la crítica del cientificismo fundamentalista o adecuacionista. Al sustantivar a la forma de las ciencias, al asignar el valor 1 únicamente a la forma de las ciencias, aísla enteramente a las ciencias de su materia y las clausura en el ámbito de su propia creación. El teoreticismo no es una filosofía de la ciencia que pueda considerarse desligada, por tanto, de cualquier otra concepción filosófica: al separar a las verdades ofrecidas por las ciencias de la realidad, el teoreticismo se aproxima necesariamente hacia el escepticismo o hacia el agnosticismo. Y su alejamiento de toda sombra de fundamentalismo científico lo sitúa en la vecindad del fideísmo o, al menos, lo hace compatible con él. La ciencia no podrá tomarse ya como canon o norma de la razón, o de la existencia; importará sobre todo por su utilidad o por su belleza. La fe en lo sobrenatural verá destruidas las barreras que pretendió ponerle una ciencia entendida al modo fundamentalista. Y asimismo, quedará también abierto el camino hacia una filosofía totalmente liberada de las ataduras científicas y dispuesta a entrar en los caminos de lo inefable (al menos de lo que no se puede expresar en lenguaje científico). Si se supone que la ciencia nada tiene que decir de la realidad, y, menos aun, de las «realidades más misteriosas», lo mejor que la ciencia podrá hacer es callar ante ellas, siguiendo el precepto de Wittgenstein: «Ante lo que no se puede hablar, lo mejor es callar.»

5. El materialismo filosófico desarrolla una teoría de la ciencia, la teoría del cierre categorial, que tampoco, como es lógico, puede considerarse independiente o aislada del resto de las concepciones filosóficas, en particular, de la ontología y de la metafilosofía. La teoría del cierre categorial no puede ser entendida como una concepción exenta, compatible con cualquier tipo de ontología o de metafilosofía, es decir, de la filosofía de la propia filosofía (en relación con los restantes saberes y, muy especialmente, con los saberes científicos). Esto no

quiere decir que el materialismo gnoseológico haya de entenderse ligado precisamente a algún tipo muy determinado (y no a otro) de ontología o de metafilosofía.

La teoría del cierre categorial, al proponer la «reabsorción conjugada» de la *forma* en la *materia* de cada ciencia positiva, y al hacer equivalente esa forma con una *identidad sintética* entre determinados contenidos de cada campo categorial, en la que hará consistir la verdad científica (que, lejos de toda rigidez, admitirá amplias «franjas de verdad»), se compromete, obviamente, con posiciones filosóficas cuyo alcance va mucho más allá del que podría atribuirse a una estricta teoría de las ciencias positivas. En efecto:

Ante todo, se comprenderá la incompatibilidad del materialismo gnoseológico con el escepticismo científico y, por tanto, con el escepticismo en general. El materialismo reconoce a las ciencias su contribución insustituible en el proceso de establecimiento de verdades racionales, apodícticas y necesarias, como tales verdades, en el ámbito de los contextos objetivos, incluso de aquellos que son cambiantes, que las determinan. En consecuencia, el materialismo gnoseológico excluye cualquier posibilidad de ver a las ciencias como «neutrales» respecto de cualquier género de dogmática mitológica o teológica que interfiera con los contextos objetivos determinantes de la verdad científica. Carecen de todo fundamento (salvo el de interés ideológico) las afirmaciones, que hoy vuelven a ser reiteradas una y otra vez, según las cuales la ciencia, o la racionalidad científica, se mantiene en un plano neutral y paralelo al plano de la fe teológico-religiosa con el cual, por tanto, y en virtud de ese paralelismo, no podrá nunca converger. Es cierto que la mayor parte de los conflictos históricos habidos entre la religión judeo-cristiana y las verdades que las ciencias positivas fueron ofreciendo –el conflicto en torno al geocentrismo, en la época de Copérnico y de Galileo; el conflicto sobre la edad de la Tierra, en la época de Buffon o de Lyell; el conflicto sobre el origen del hombre, en la época de Darwin o Huxley; &c.– fueron resolviéndose «en el terreno diplomático»; pero no porque los conflictos hubieran resultado ser aparentes, ni porque hubieran sido retiradas las conclusiones de la razón científica positiva: las que se replegaron, refugiándose en el alegorismo, o en la doctrina de los «géneros literarios», fueron las iglesias católicas y protestantes &c., *obligadas* precisamente por el empuje de la racionalidad científica. ¿Pueden decir estas iglesias, con verdad, que el avance de las ciencias no afecta a su fe, considerada en el terreno de su dogmática, o propiamente sólo podrían decir con verdad que el avance de la ciencia no afecta, al menos tal como podría esperarse, a su organización social? El conflicto fundamental entre las «religiones superiores» y la «razón» no se libra, en todo caso, en el campo de batalla de las ciencias positivas, sino en el campo de batalla de la filosofía. Aquí se encuentran los lugares ocupados por el razonamiento filosófico (la existencia de Dios, la inmortalidad del alma humana, que las iglesias ya no pueden ceder). Por ello cabrá afirmar que los lugares en donde los conflictos entre la *fe* y la *razón* se producen de un modo irreducible son aquellos en los que se enfrentan la filosofía materialista y la fe religiosa (disuelta, y no casualmente, en muchas formas de filosofía), y no los lugares en donde se enfrenta una ciencia positiva determinada con un dogma particular.

El reconocimiento del significado de la racionalidad científica como canon necesario para enfrentarse con la realidad, contra todo género de escepticismo (reconocimiento que implica también la discriminación entre las líneas *centrales* de las *franjas de verdad* científica y sus líneas *marginales*, colindantes, muchas veces, con la ciencia ficción, como pueda ser el caso, por ejemplo, de algunas teorías cosmogónicas actuales del *big bang*) no devuelve al materialismo a ninguna de las posiciones que pudieran considerarse más o menos próximas al *postulado de omnisciencia* que hemos visto planear sobre el fundamentalismo descripcionista o adecuacionista. El materialismo, apoyado en el pluralismo de los círculos categoriales mutuamente irreductibles que resultan determinados por las diferentes ciencias efectivas, puede defender la tesis del carácter finito y limitado (= no exhaustivo) de las construcciones científicas sin necesidad de apelar a instancias exteriores a ellas mismas. En esto se diferencia el materialismo del agnosticismo, que cree poder derivar la «finitud de la razón» a partir de una supuesta«fe» que nos dejaría traslucir algo del «noúmeno infinito». En efecto, desde el momento en que se reconoce que las diversas categorías científicas inciden, al menos en parte, sobre unos mismos materiales, se hace posible concluir que ninguna ciencia tiene que «agotar» su propio campo, ni tiene por qué hacerlo, para alcanzar conexiones necesarias en el ámbito de sus *contextos determinantes*. Con esto, se hace posible también dejar de lado ciertos prejuicios jerárquicos, que se fundan en realidad en concepciones metafísicas implícitas del Mundo, según los cuales determinadas categorías científicas –señaladamente las matemáticas o las físicas– tendrían que desempeñar el papel de fundamentos o bases de todas las demás categorías científicas y, por tanto, del Mundo en su conjunto. Que el *regressus* practicado en el ámbito de las categorías físicas lleve a muchos físicos al postulado de un «punto originario» del universo físico, como sostienen las teorías del *big bang*, no implica que todas las demás categorías científicas (las categorías químicas, las biológicas, las etológicas) deban considerarse como emanación o modulación de las categorías físicas. La crítica materialista al ideal de la omnisciencia de los fundamentalismos cientificistas no procede, en resolución, de instancias exteriores a las ciencias mismas, sino del análisis de estas ciencias consideradas en sus relaciones dialécticas mutuas. Un punto de vista que era imposible adoptar todavía en la época de la «única ciencia newtoniana» –en la época de la *Crítica de la Razón Pura* de Kant– y que sólo pudo comenzar a madurar un siglo después, cuando la pluralidad de las ciencias, incluso su pluralidad en el ámbito de una misma categoría genérica –mecánica, termodinámica, electromagnetismo, &c.– comenzó a ser un hecho histórico. Me refiero a la época del *Ignoramus, Ignorabimus!* de Emil du Bois-Reymond[18]; una época cuyo significado todavía no ha sido reconocido por quienes, desde el mito que identifica nuestro presente con una supuesta «edad postmoderna» quieren vincular este presente nuestro directamente con la Ilustración (e incluso con Kant), olvidando todo lo que se contiene bajo la rúbrica de «siglo XIX»: la explosión de la pluralidad de las ciencias, la revolución «neotécnica», la explosión demográfica y urbana, los movimientos revolucionarios de radio internacional, el colonialismo y el imperialismo a escala planetaria.

La pluralidad de categorías que el materialismo reconoce en el terreno *gnoseológico* se corresponde con el pluralismo materialista en el terreno *ontológico*. Los contenidos de los campos materiales que constituyen el *cuerpo* de las ciencias son los mismos contenidos del Mundo-entorno organizado por los hombres: el materialismo rechaza la distinción entre «objeto de conocimiento» y «objeto conocido». Pero dado que los objetos conocidos por las ciencias no «agotan» la materia conceptualizada en los contextos determinantes, se comprende cómo las relaciones entre los diferentes conceptos científicos (sobre todo, entre los

---

18 Gustavo Bueno, «Ignoramus, Ignorabimus!», en *El Basilisco*, 2ª época, nº 4 (marzo-abril 1990), págs. 69-88.

conceptos tallados en diferentes categorías) habrán de rebasar cualquier horizonte categorial, determinándose en forma de Ideas objetivas tales como la Idea de Causa, la Idea de Estructura, la Idea de Dios, la Idea de Tiempo, la Idea de Finalidad, la Idea de Libertad, la Idea de Cultura, la Idea de Hombre... y la Idea de Ciencia). De este modo, el materialismo filosófico puede asignar a la filosofía («académica») unas tareas que, por lo menos, pueden abrigar la pretensión de ser más precisas y positivas de las que pudieran asignársele a partir de formulaciones que intenten definir a la filosofía como una busca de «respuesta a los interrogantes de la existencia», como «meditación sobre la Nada» o como «análisis de los juegos lingüísticos». La filosofía (la filosofía del materialismo filosófico) podría definirse, en cambio, *como la disciplina constituida para el tratamiento de las Ideas y de las conexiones sistemáticas entre ellas.* Ideas que, en tanto brotan de las conceptualizaciones de los procesos del mundo (de un mundo que, en la actualidad, y precisamente por la acción del desarrollo tecnológico y científico, se nos ofrece como una realidad *conceptualizada* en prácticamente todas sus partes, sin regiones vírgenes mantenidas al margen de cualquier género de conceptualización mecánica, zoológica, bioquímica, etológica, &c.), no son subjetivas, ni son eternas, aunque son Ideas objetivas. La Idea de Dios, por ejemplo, no tiene más de 3000 años de antigüedad, y la Idea de Cultura objetiva no tiene más de 200 años.

Y como, en nuestros días, la mayor parte de las *Ideas* se van configurando a través de los conceptos tallados por las ciencias positivas, el materialismo filosófico no puede aceptar la concepción de la filosofía como «madre de las ciencias». La filosofía *académica* –es decir, la filosofía de tradición platónica– no antecede a las ciencias, sino que presupone las ciencias ya en marcha («nadie entre aquí sin saber Geometría»). Tampoco puede aceptar el materialismo la concepción de la filosofía como una «ciencia primera», como una «reina de las ciencias». La filosofía no es una ciencia, porque las Ideas, en su *symploké*, no constituyen una «categoría de categorías» susceptible de ser reconstruida como un dominio cerrado. El entendimiento de la filosofía como «geometría de las Ideas» es sólo una norma regulativa del racionalismo materialista y no debiera ser interpretado como denominación de una supuesta construcción efectiva.

Oviedo, diciembre 1995

Índice